異國蔬食料理教室

來自12國的料理教室講師
最受歡迎的家鄉蔬食食譜

VEGAN RECIPE *of the* WORLD

庄司泉
Vegetable Cooking Studio　編著

瑞昇文化

Izumi Shoji
Vegetable Cooking Studio

VEGAN RECIPE *of the* WORLD

Introduction

Vegetable Cooking Studio是位於東京都代代木上原的蔬食料理教室。之所以對製作蔬食料理很講究，是因為主掌著料理教室的我——庄司泉，是一位素食主義的美食烹飪家，每一天我都在享受以植物性食材製作而成的料理。我成為素食主義者已將近二十年，但蔬食料理的美味，仍經常使我驚嘆不已。

而實際上，製作素食料理亦是件令我感到愉悅的事。

素食料理不同於平常的料理菜餚，所以製作的過程也充滿了未知。像是將蔬菜磨成泥，或是將蔬菜搗碎以改變口感，在製作的過程中便感到無比雀躍，而在品嘗到完成的料理時，不論是誰都會感動地發現「居然能料理出這般味道」。

我希望讓其他人也了解到這樣的樂趣以及驚喜，所以在2015年開設了料理教室。而在料理教室所設計的精進料理[※註]課程、餐廳主廚課程等各式各樣的烹飪課中，學習製作世界各國蔬食料理的烹飪課，是最受學員們歡迎的企劃。

放眼世界各國，會發現蔬食料理遍布的範圍很廣。

在台灣、越南等佛教傳入的國家，皆有各自的精進料理。而在印度等國則約有四成的素食人口。介紹素食的電視娛樂節目更是不勝枚舉。

即使是給人愛吃燒肉的印象的韓國，或是盛行卡博烤肉串（shish kebab）的土耳其等國，亦有相當多以當地蔬菜入菜的精緻美味料理。

我想學習各國的蔬食料理，而且，也希望能將這些料理的美味與更多的人分享。

抱持著這個堅定的想法，我聯繫上各個國家擅長烹飪的人，請他們教導我製作蔬食料理，並得以開設各國蔬食料理課程。

而匯集了各國蔬食料理的正是這本食譜書。

不論您是喜愛蔬菜的人，或是熱愛異國料理的人，一定要嘗試本書的料理；「想要開發出更多蔬食料理」的人，更是千萬別錯過。

想必您一定會深深愛上這份至今未曾發覺的蔬食料理的美味。

庄司泉

※註：因佛教禁止殺生之教義，「精進料理」指的是不使用肉類或魚類，也不添加「五葷」，只使用蔬菜、豆類等植物性食材烹飪而成的料理。「精進料理」原為佛教寺院的飲食，「精進」二字有「心無雜念，專心於修行」的意思，飲食及烹調都被視為是精神的修行。

CONTENTS

在閱讀本書之前
○ 1小匙為5ml，1大匙為15ml，1杯為200ml，1杯米約為180ml。
○ 如未特別標註蔬菜的事前處理作業，請先完成清洗、削皮、去除蒂頭及籽等步驟。
○ 食譜中的材料若只記載「油」，則使用沙拉油等不帶強烈味道的植物油。
○ 辣椒粉為紅色辣椒的粉末。
○ 烹飪時間與溫度為參考標準。請依烹飪時料理的實際狀況斟酌調整。
○ 本書中常使用到的食材、辛香料與香草植物，都整理在「食材小筆記」（P.132～134）。提供給讀者參考。

▶關於本書中出現的各國料理的食材
在本書中出現的食材，有些是日本（及台灣）還不常見、或是不容易取得的食材。可前往進口食品材料行或大型超市購買，但若是附近沒有販售這些食材的店家，建議您可以使用網路的線上商店來購買。

自古以來，在莫夕亞的各戶人家都是蔬菜、豆類料理吃得比肉還多。

TEACHER

陶・羅梅拉・馬丁內斯
Tao Romera Martinez

掌管著介紹料理教室「和異國的人一起做異國的料理」的網站「tadaku」(P.135)。在日本推廣世界各國的道地口味、「私房料理」，是他畢生的志向。亦有開設故鄉西班牙莫夕亞的料理班。

LESSON 1

SPAIN

西班牙

西班牙的莫夕亞地區，是一塊盛產許多美味蔬菜的土地，多到被稱為「歐洲的菜園」。

來自莫夕亞的陶說：「沿海的城市也有許多魚類料理，不過蔬食料理具有豐富的多樣性。自古以來，在莫夕亞的各戶人家都是蔬菜、豆類料理吃得比肉還多。」

或許是因為橄欖油讓蔬菜脫胎換骨，莫夕亞的蔬食料理吃起來餘韻無窮。特別是莫夕亞的名產——以蔬菜製成的西班牙燉飯（Paella），更是極品。

「吃了這道料理後，大家真的都大吃一驚。日本人或許覺得西班牙燉飯就是要煮成鬆鬆散散的，不過在莫夕亞，連在餐廳都可以要求『湯汁多的』、『像蜂蜜一樣濃稠的』、『普通的』等等，可依照個人喜好的湯汁多寡來點餐。我個人就是喜歡像湯飯一樣的『湯汁多的西班牙燉飯』！」

陶在Vegetable Cooking Studio也有開設西班牙燉飯的料理課，很多學員都很驚訝：「這居然是西班牙燉飯！？」每個人都醉心於這道料理的美味。

最近，陶也有上電視節目介紹莫夕亞的料理。他說自己對料理產生興趣的契機，是來自於到法國留學的那段時期。

「我和來自各個國家的同學，經常會帶著自己國家的料理來參加聚餐，所以才對『透過家庭料理的異文化交流』開始有了興趣。」

而現在的陶，在日本負責主導「由外國老師來教你的家庭料理教室」。人生中會出現什麼樣的因緣際會，真是無法預測。

「能和許多國家的人相識，而且能夠幫忙推廣該國的口味，是一件很開心的事情喔！做這些事當然會很忙碌，但我還是會繼續開設我自己的烹飪課。在日本也有受歡迎的西班牙料理，但是也有許多尚未被發掘的料理。希望能讓大家更加了解莫夕亞料理的美味！」

彩椒番茄沙拉

Ensalada de Pimientos

將彩色甜椒與番茄拌上大蒜以及橄欖油，做成了醃漬風格的沙拉。能與麵包一同享用，也可搭配冷製義大利麵。將甜椒烤過引出其甜味，是製作此料理的祕訣。

材料：4人份

紅椒…3大顆
黃椒…1大顆
番茄（完熟）…2顆
大蒜…1瓣
橄欖油…75ml
鹽巴…適量（約4撮）
迷迭香（生）

作法

1 將甜椒對半縱切，用手摘掉蒂頭及挖掉籽。將甜椒與整顆番茄一同放在烤盤上，以180℃的烤箱烤約50分鐘。以筷子試戳，能輕鬆戳入即可。
2 剝除步驟 1 中的甜椒與番茄的外皮。將甜椒切成方便食用的大小，並將番茄搗碎，然後放入碗中。
3 將大蒜泥、橄欖油及鹽巴加入步驟 2 的碗中，全部攪拌好之後，放入冰箱冷藏至冰涼。盛盤後再依個人喜好放上迷迭香。

安達魯西亞風冷湯

Gazpacho

為西班牙南部的安達魯西亞地區的冷湯，以「Gazpacho」之名廣為人知。最適合在炎熱的季節裡享用！是一道「可以喝的沙拉」。搭配上口感酥脆的麵包丁，請盡情享用。

材料：7人份

A
- 番茄（切丁）…8大顆分量
- 小黃瓜（切丁）…3條分量
- 大蒜…4～5瓣

橄欖油…1/2杯
鹽巴、胡椒…各適量
巴沙米可醋…4小匙
麵包丁…少許
青紫蘇（切細條）…少許

作法

1 以果汁機將材料 A 打成汁（a）。
2 加入橄欖油、鹽巴、胡椒以及巴沙米可醋調味（b）。
3 盛盤後撒上麵包丁，並擺上切成細條的青紫蘇。
※ 亦可用切成粗末的青椒代替青紫蘇。

a

b

莫夕亞的
田園燉鷹嘴豆

– Potaje de Garbanzos

用大鍋子燉煮出莫夕亞的媽媽味。裡頭有著滿滿的豆子與蔬菜，就算沒有吃到肉也能飽餐一頓！味道樸實而自然，每天吃也不覺得膩，正是這道料理的魅力所在。

材料：8人份

鷹嘴豆（乾燥）…250g
番茄…3顆
吐司…100g
橄欖油…適量
松子…20g
洋蔥（切粗末）…2顆分量
大蒜（切末）…2瓣分量
▶紅椒粉…2大匙
A
- 孜然籽…2小匙
- 杏仁果（切粗末）…20g
- 大蒜（切末）…1瓣分量
- 巴西利（切末）…適量

菠菜（切段）…1把分量
鹽巴…適量

作法

1. 事先將鷹嘴豆浸泡在大量的清水中半天（約12小時）（a）。
2. 將步驟 1 的鷹嘴豆以及略多的水（分量外）放入大鍋子內，以小火燉煮約1.5個小時。
3. 番茄切對半後，切除蒂頭，並將切口面朝下，以磨泥器磨成番茄泥（b）。
4. 用烤箱將吐司烤至酥脆，再用手將吐司剝成小塊狀。以平底鍋加熱橄欖油後，將松子翻炒至金黃色後再起鍋。
5. 將步驟 4 的吐司與松子，以及材料 A 全部放入研磨缽（或是碗）中，以研磨棒將食材研磨到呈現溼潤狀（c）。
6. 將粗洋蔥末放入步驟 4 的平底鍋中炒至透明。加入大蒜翻炒約30秒後，再放入步驟 3 的番茄泥、紅椒粉，炒煮1分鐘左右。
7. 將步驟 6 倒入步驟 2 的鍋子裡（d）。然後將研磨好的步驟 5（e）、菠菜放入鍋中（f），蓋上鍋蓋並以中火燉煮15～20分鐘（g）。最後以鹽巴調味，即可盛盤。

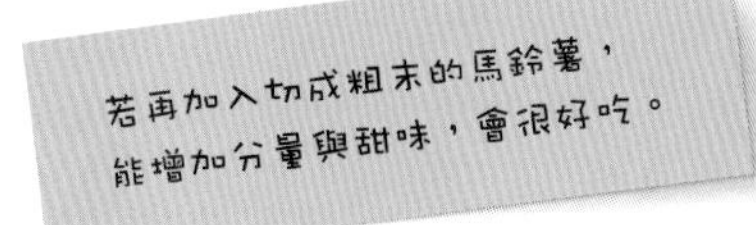

a

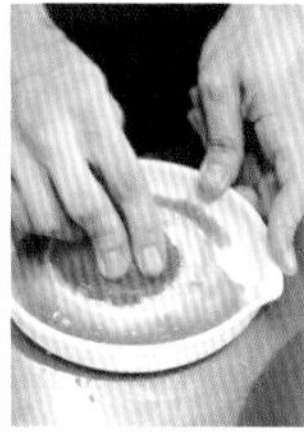
b

c

d

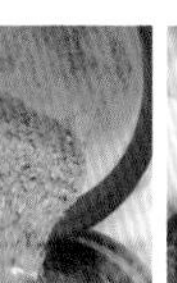
e

f

g

▶

紅椒粉

西班牙料理中經常使用的辛香料。西班牙語為「Pimentón」。此處使用的是「Dulce」這種不辣的紅椒粉。因經過煙燻，所以甜味中帶著芳香為其特徵。原產地的名稱中有「Vera」字樣的紅椒粉，表示其品質良好，很推薦各位使用。

莫夕亞的蔬菜燉飯

Paella de Verduras

這道燉飯的蔬菜分量簡直多到都快溢出來了！沒有放肉也沒有海鮮，僅靠著蔬菜的力量就有著滿滿的鮮甜。推薦做成殘留些許湯汁的「湯汁多的燉飯」，但您仍可依個人喜好來增減湯汁。

材料：約5人份（直徑36cm的西班牙燉飯鍋）

A
- 茄子…2條
- 櫛瓜…2條
- 蕪菁…4顆
- 花椰菜…1小株

洋菇…16朵
番茄（完熟）…2顆
彩椒…中型2顆
橄欖油…150ml
大蒜…4瓣
免洗米…3杯
水…約1350ml
（7.5杯分量＝約為米的2.5倍）
迷迭香、百里香…各適量
鹽巴、胡椒…各適量
蘭姆酒（白）…2大匙
檸檬（切月牙形）…2顆分量

把洋菇的皮剝掉的話，不僅看起來比較好看，也會更容易入味。

多下一點鹽巴，最後會引出米飯的甜味，是製作料理的小秘訣。

作法

1 將材料 A 的蔬菜分別切成一口大小的方塊狀。剝去洋菇的皮（a），將每一朵洋菇均切成4等分。
2 用刀削掉番茄皮（b），並將番茄切成末。
3 挖除甜椒的籽，並切成1cm寬的條狀。
4 將橄欖油倒入燉飯鍋（或是平底鍋）中加熱，用菜刀的刀面拍碎大蒜後，放入鍋中煸炒。煸炒至出現蒜香後，取出大蒜。
5 將步驟 3 的甜椒放入鍋中，炒至出現焦色後即可起鍋（c）。
6 將步驟 1 的蔬菜放入步驟 5 的鍋中拌炒（d）。以迷迭香、百里香、鹽巴與胡椒調味後，將所有蔬菜倒入碗中。
7 將步驟 2 的番茄放入步驟 6 的鍋中，翻炒30秒左右後（e），再將步驟 4 ～ 6 的食材放回鍋中（f），加上少許的蘭姆酒後，拌炒所有食材約30秒。
8 將水（米的2.5倍量）注入鍋中（g）。沸騰後加上鹽巴調味。
9 把米放入鍋中（h），燉煮至米粒變軟（放入鍋中的米不久後便會結塊，輕輕地撥鬆飯粒即可）。水分蒸發的話，就補上適當的水量；覺得水分變太多時，就轉大火讓水分蒸發。
10 炊煮至個人喜好的程度後（i），即可盛盤。擺上檸檬片，一邊擠上檸檬汁，一邊享用。

a

b

c

d

e

f

g

h

i

茄子天婦羅佐黑糖蜜

Berenjenas fritas con Melaza

將西班牙式的茄子天婦羅淋上黑糖蜜一同享用！濃醇的黑糖蜜配上酥酥脆脆的茄子最對味。其美味餘韻無窮。

材料：8人份

茄子…4條
麵粉…100g
鹽巴…少許
橄欖油…適量
黑糖蜜…適量

作法

1 先將麵粉及鹽巴混合。
2 將茄子縱切成1～2mm厚的薄片，稍微泡水後，擦乾茄子的水分。
3 把步驟 2 的茄子裹滿步驟 1 的麵衣（a）。
4 把橄欖油倒入鍋子加熱，將步驟 3 的茄子炸到酥脆後（b），再以餐巾紙吸油，盛盤後隨附上黑糖蜜。

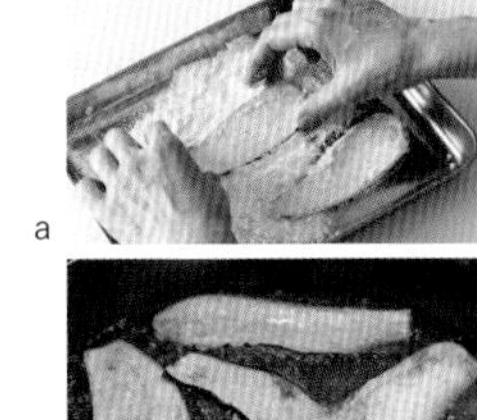
a

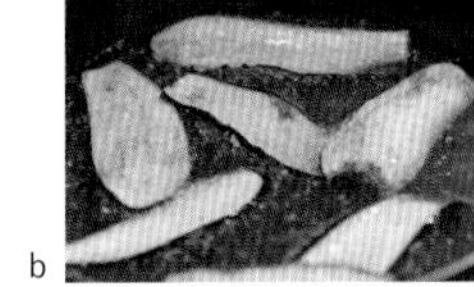
b

復活節甜餅

Torta de Pasqua

西班牙南部的傳統烤餅乾，有著蛋糕般的口感。特徵是帶著清爽的洋茴香香氣，一年四季都可享用，復活節時更是不可缺少。

材料：直徑15cm，8片分量

A
- 檸檬皮（切末）…1/2顆分量
- 麵粉（低筋麵粉）…250g
- 烘焙用杏仁粉…125g
- 砂糖…125g
- 柳橙汁…50g
- 油…125g
- ▶洋茴香利口酒（法國茴香酒）…25g
- 洋茴香籽（或甜茴香籽）…3小匙
- 發粉…1小匙

杏仁果（碾成粗顆粒狀）…2把

作法

1. 將材料 A 放入碗中，充分混合均勻。
2. 把步驟 1 的麵團搓成乒乓球大的圓形後，壓扁成約5mm厚、直徑15cm大的圓餅狀。
3. 將步驟 2 放在烤盤上，撒上碎杏仁果，再用手掌輕壓把杏仁果鑲在麵團上。
4. 以預熱至180℃的烤箱烘烤步驟 3 約12～16分鐘。等到餅乾開始呈現淡褐色後，立即取出餅乾。

法國茴香酒

使用洋茴香（Anise）與洋甘草（Liquorice）製成的利口酒之一（酒精濃度達40度以上），辛辣且味道獨特，卻有著清爽的香氣。大多數人都會兌水喝或用來調製雞尾酒。

總之分量要夠多，這就是摩洛哥的風格。
首先用大鍋子做做看「哈利拉蔬菜濃湯」吧！

TEACHER

松村．穆菲德．法蒂瑪

Fatima Moufid Matsumura

來自摩洛哥的古城——梅克內斯。因結婚來到日本已二十餘載。夢想在日本推廣母親從小傳授給她的摩洛哥家庭料理。性格直爽開朗，現在在自家也有開設摩洛哥料理教室。

MOROCCO

摩洛哥

「在摩洛哥，家中的長女會被母親貫徹烹飪的訓練。因為我是長女，所以從小時候就開始幫忙。我以前總會覺得『為什麼都是我啊！？』（笑）。」這麼說著的，是來自摩洛哥古都——梅克內斯的法蒂瑪。

與日本人的先生結婚後來到日本。法蒂瑪原本就擅長烹飪，性格開朗又迷人的她也很喜歡與人交際，於是她就在自家開設摩洛哥料理教室。現在的她十分受歡迎，也會上電視節目、雜誌等傳播媒體。

「我不是素食主義者，不過在摩洛哥有很多豆類與蔬菜的料理唷！」就像她所說的一樣，法蒂瑪在Vegetable Cooking Studio為我們介紹了許多美味的摩洛哥蔬食料理，像是摩洛哥塔吉鍋蔬菜料理、蔬菜庫斯庫斯飯、燉豆料理等。

雖然是只用蔬菜做的料理，但是法蒂瑪會再加上大量的橄欖，或是搭配上果乾、堅果，或是巧妙運用辛香料，來讓她的料理分量十足。

「分量不夠多的話可不行！反正做的分量要夠多，這才是摩洛哥的風格。在摩洛哥呀，經常會突然發現住在附近的人坐在你家的客廳，他們不會『叮咚』地按你家的門鈴，也不會敲門後才進來喔。不知不覺間他們就出現在那裡，而且一副來你家吃飯是理所當然的樣子。所以，如果不用大鍋子先煮好分量十足的飯菜，讓隨時來家裡的人都有得吃的話，就會覺得不太安心（笑）。」

就算料理的分量十足也無妨，因為法蒂瑪做的摩洛哥料理很美味，所以就會一碗接一碗地吃，即使稍微吃多了也不會覺得胃部沉重。

「先來用大鍋子做做看哈利拉蔬菜濃湯吧！這是摩洛哥最基本的湯，好吃到就算每天喝也都不會膩唷。」

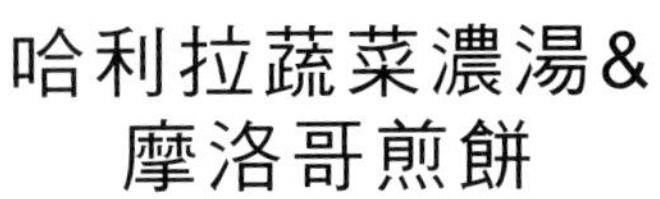

哈利拉蔬菜濃湯&摩洛哥煎餅

Harira & Rugaifu

這一道哈利拉蔬菜濃湯加入了大量蔬菜與豆子，是摩洛哥的媽媽的味道。濃湯喝起來非常爽口，但也因為加入了義大利麵，所以吃起來的口感相當不錯。如果還有麵包的話，這樣就能當成是一份正餐了。

哈利拉蔬菜濃湯

材料：4人份

A

- 鷹嘴豆、小扁豆（皆為乾燥）…各2/3杯
  ⇒豆類要分別泡水一晚
- 洋蔥（磨泥）…1又1/2顆分量
- 高麗菜（切絲）…1片分量（50g）
- 西洋芹（切末）…1根分量（100g）
- 巴西利、香菜…共2/3杯（12g）
- 黑胡椒…2/3小匙
- 鹽巴…2小匙
- 肉桂棒…2/3根
- 薑泥…2小匙
- 薑黃粉…2/3小匙
- 番紅花…依個人喜好
- 水…6又2/3杯

油…2小匙多

番茄…2～3大顆（或相同分量的番茄罐頭）

番茄泥…1又1/3大匙

麵粉…2大匙
⇒先以等分量的水調開

義大利細麵條（vermicelli）*…4又1/2大匙
⇒或是使用喜歡的短狀義大利麵、天使細麵（capellini）等

＊義大利細麵條是像麵線一樣的超細義大利麵。用於做成浮在湯上的湯料等。此處用的義大利細麵條為短麵。

作法

1. 將鍋面抹滿油，以小火加熱後再把材料 A 放入鍋中，燉煮1～1.5小時，直到豆子煮熟。
2. 番茄去皮後以果汁機打碎，與番茄泥一同放入步驟 1 的鍋中（a）。
3. 煮滾後加入已調水的麵粉（b）。煮10分鐘左右，等到湯汁變濃稠後，再加入義大利細麵條（c），麵條煮熟後即可盛盤，再依個人喜好加上檸檬絲與香菜（皆分量外）。

a

b

c

摩洛哥煎餅

材料：7～8片分量

A

- 高筋麵粉…300g
- 杜蘭小麥粉…200g
- 發粉…5g

溫水…320～340ml

調合油…適量
⇒以同比例混合食用油與橄欖油

作法

1. 把材料 A 都放入碗中，慢慢加入溫水，揉成麵團（a）。等到水分都被麵粉吸收後，就可將麵團移到平台上，像是在推壓平台般用力地揉麵團（b、c）。揉到如耳垂般的硬度即可。
2. 將麵團分成7～8塊後搓成圓形，於表面塗上食用油，蓋上保鮮膜並靜置數分鐘（d）。
3. 手上塗抹調合油，盡可能地將麵團擀薄成30～40cm見方的大小，並將整片麵皮撒上適量的杜蘭小麥粉（分量外）（e）。以垂直方向將麵皮摺成3等分（f），然後再以水平方向將麵皮摺成3等分（g）。
4. 將步驟 3 放入平底鍋中並整平麵皮，以中小火將雙面煎烤至焦黃色即可完成（h、i）。

a

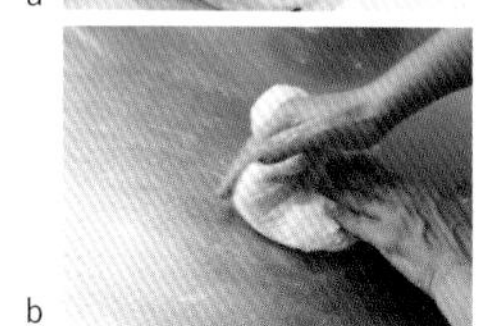
b

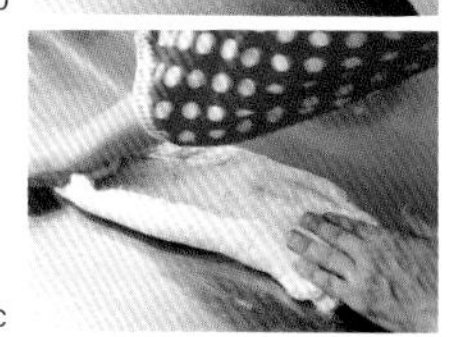
c

d

e

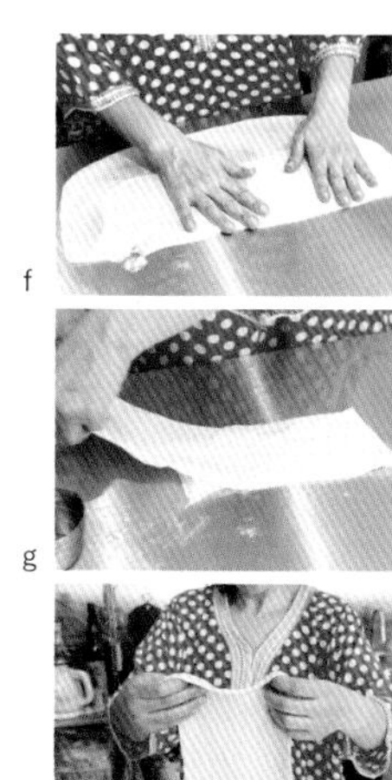
f

g

h

i

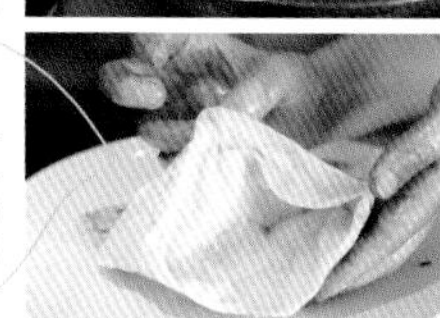

Point
因為將麵皮抹上油再對摺，所以會有層次感，吃起來的口感酥脆又有彈性。

蔬菜塔吉鍋

Tajin Biahodaru

摩洛哥市場裡賣的蔬菜種類繁多，一整年都有著堆積如山的蔬菜在等著被人買走。大量使用這些新鮮蔬菜所製作的塔吉鍋，是能夠將食材的味道發揮到極致的一道料理。推薦各位使用當季的蔬菜來製作這道菜。

材料：4人份

馬鈴薯…2顆（300g）
紅蘿蔔…1大條（200g）
洋蔥（切薄片）…1顆（200g）
青豆…2/3杯
番茄（切圓片）…1小顆分量（150g）
A
大蒜（切末）…1小瓣分量
紅椒粉…2/3小匙
薑黃粉…適量
番紅花…依個人喜好
水…3大匙
義大利巴西利（切粗末）…2/3杯
黃椒（切細條）…1/4顆分量
綠橄欖…少許
調合油…40ml
⇒混合各20ml的食用油與橄欖油
鹽巴…1/4小匙多
黑胡椒…適量

作法

1 將馬鈴薯及紅蘿蔔分別切成方便食用的大小。
2 將調合油倒入塔吉鍋（或是材質較厚的鍋子）。將洋蔥鋪在鍋底，再把步驟1的馬鈴薯及紅蘿蔔放入鍋中，而且顏色要搭配好（a）。撒上青豆後，擺上番茄片（b）。
3 混合材料A，以畫圓的方式淋在步驟2上（c），然後撒上巴西利、鹽巴及黑胡椒（d）。
4 把步驟3蓋上鍋蓋，以小火加熱。把蔬菜蒸軟後，再擺上彩椒及橄欖（e），蓋上鍋蓋再加熱數分鐘。完成後（f）連同鍋子一起端上桌。

塔吉鍋

長得像錐型尖帽一樣的土鍋，使用於以摩洛哥為首的北非地區，利用食材的水分進行蒸煮。形狀獨特的鍋蓋所形成的構造，可使鍋內的水蒸氣循環，能在烹煮時鎖住食材的鮮甜。「塔吉」也被當作是料理的名稱。

Point
如果沒有塔吉鍋，仍可以用有附蓋子且材質較厚的鍋子來製作喔。

蔬菜庫斯庫斯

Biahodaru

原為伊斯蘭教在星期五的休息日時，與家人或朋友一同享用的宴客料理。蒸得鬆鬆軟軟的庫斯庫斯有著滿滿的鮮味！將蒸好的蔬菜豪邁地放上庫斯庫斯享用。

材料：2人份

庫斯庫斯（P.133）…1杯

A

- 洋蔥（切薄片）…1小顆分量
- 番茄（剝皮）…1/2顆
- 鷹嘴豆（乾燥）…1/3杯
  - ⇒泡水一晚，以篩網瀝乾
- 薑黃粉…適量
- 薑泥…1小匙
  - ⇒或適量的薑粉
- 黑胡椒…1/2小匙

B

- 櫛瓜…1小條（100g）
- 紅蘿蔔…1條
- 蕪菁…1顆
  - ⇒蔬菜削皮後切成方便食用的大小
- 香菜、義大利巴西利（切粗末）
  - …各1/3把分量

調合油（P.23）…適量

鹽巴…1小匙

水…1/2杯

作法

1. 將庫斯庫斯放入碗中，加入溫水（分量外）直到剛好淹過庫斯庫斯，蓋上保鮮膜浸泡10～20分鐘，將庫斯庫斯泡發（a）。
2. 把材料 A 放入庫斯庫斯專用鍋的下鍋（b）。
3. 小心地將步驟 1 的庫斯庫斯撥鬆散（c），然後放入鋪上烘焙紙的庫斯庫斯專用鍋的上鍋中（d），再把上鍋放在步驟 2 的下鍋上，蓋上鍋蓋以小火加熱。
4. 待下鍋裡的蔬菜變軟後，再擺上材料 B，然後加水（分量外）至剛好淹過材料 B，再放回庫斯庫斯的上鍋並加蓋，同時加熱庫斯庫斯與蔬菜。
5. 加熱15分鐘左右，等庫斯庫斯冒出蒸氣後，將庫斯庫斯移到大盤子內，加入1/2杯的水、調合油與鹽巴攪拌，靜置數分鐘。
6. 將步驟 5 的庫斯庫斯放入上鍋，再稍微蒸一下後，就將庫斯庫斯鋪在大盤子上。
7. 蔬菜也都煮軟後，在步驟 6 的庫斯庫斯上擺滿蔬菜（e）。

庫斯庫斯專用鍋

摩洛哥的庫斯庫斯專用鍋分為上、下鍋，是一種具有良好烹飪效率的鍋具組合，可使用下鍋製作蔬菜等菜餚或湯品，並同時利用下鍋的蒸氣來蒸煮放在上鍋中的庫斯庫斯。由於在日本不容易取得此鍋具，所以可以使用有附蓋且材質較厚的鍋子來蒸煮蔬菜，再用蒸籠來蒸庫斯庫斯（或是將庫斯庫斯與油、少許的鹽巴混合，然後加上等分量的熱水，蓋上保鮮膜後燜5～6分鐘）。

a

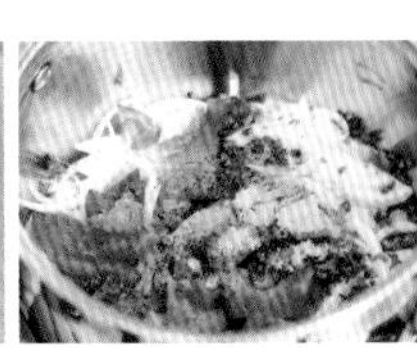

b

c

d

e

芝麻餅乾

Goriba

使用大量芝麻製成具濃厚風味的摩洛哥基本款餅乾。把加入菜籽油的麵團，烤成輕盈酥脆的口感。請配上清爽的薄荷茶或是略為苦澀的摩洛哥咖啡一同享用。

材料：約16個分量

A
- 白芝麻…10g
- 研磨白芝麻…10g
- 菜籽油…1/3杯
- 砂糖…33g
- 鹽巴…少許
- 發粉…1小匙
- 肉桂粉…1撮

麵粉…150g
杏仁果…適量

作法

1. 將材料A都放入碗中，攪拌均勻。邊緩緩加入麵粉（a），邊調整軟硬度，做成溼潤光滑的麵團（b）。
2. 將步驟1的麵團搓成直徑2～3cm大的圓形（c），排在鋪好烘焙紙的烤盤上。並將杏仁果鑲入麵團的正中央（d）。
3. 以180℃的烤箱烘烤15～18分鐘，再將餅乾放涼。

a

b

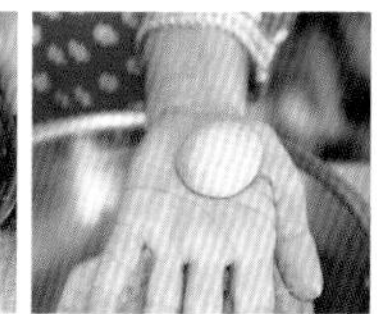
c

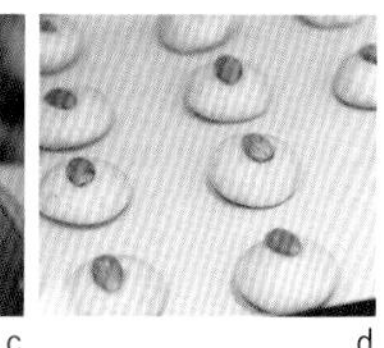
d

薄荷茶的沖泡方式

摩洛哥人最喜歡的薄荷茶，是在茶壺中使用了被稱為「Gunpowder（平水珠茶）」的中國綠茶、大量的砂糖與新鮮的薄荷。煮到茶葉展開後，將茶水注入杯中，再倒回茶壺中，然後將茶壺高高舉起注入茶水於杯中，引出茶香。

椰棗堅果餅

Haruwa Attsamaru Wa Arumokassaruto

只需將中東地區常吃的這種叫做「椰棗」的高甜度果乾，與堅果混合在一起，再捏成一顆一顆就好！不須烘烤即可完成的簡單餅乾。

材料：6人份

椰棗（無籽）…1又1/2杯

A
- 烘焙堅果…1又1/2杯
  ⇒胡桃、杏仁果、開心果等
- 肉荳蔻粉…1/4小匙
- 肉桂粉…1/4小匙

▶橙花水…1/2大匙

椰子粉…1杯

作法

1 把椰棗浸泡在熱水中（或是蒸煮），讓椰棗變軟，再以廚房紙巾擦乾水氣。

2 將步驟 1 與材料 A 放入食物調理機中攪碎（a）。

3 雙手塗抹橙花水，將步驟 2 捏成一口大小的圓形（b），再把表面都沾上椰子粉（c）。

a

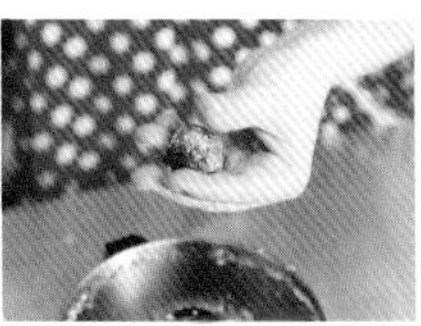

b

c

若無橙花水，亦可使用玫瑰水或玫瑰油。

亦可依個人喜好，將橘子皮或檸檬皮混入麵團中，以增添風味。

橙花水

從苦橙花提煉精華（製作精油）的過程中產生的蒸餾水。除了使用於製作料理及甜點之外，亦可當成結婚等儀式或宴客時的香氛，或是用於美容、健康管理等各式各樣的用途上。

我想在日本推廣真正的土耳其料理！
所以我將道地的土耳其味道
原封不動地端上桌。

TEACHER

艾莉芙．阿嘉弗爾
Elif Agafur

艾莉芙來自土耳其的安卡拉，以21歲時結婚為契機來到日本。在育兒任務告一段落後，與朋友共同開了一間土耳其料理的餐廳。現任東京阿佐谷的土耳其料理餐廳「izmir」（P.135）的店長兼主廚。這一間餐廳非常受歡迎，是一間能感受到艾莉芙溫暖的性格，以及享用到道地土耳其料理的店。

LESSON3

TURKEY

土耳其

位於東京阿佐谷的土耳其料理餐廳「izmir」的店長兼主廚——艾莉芙，21歲時因結婚的關係來到日本。當育兒任務告一段落後，在因緣際會之下，與朋友共同開了一間土耳其料理的餐廳。

由艾莉芙所孕育出的「izmir」的料理，被評論是「道地正宗的土耳其口味」。

「我希望能夠端出土耳其的傳統料理。我所製作的料理的味道，起點是來自Anne（土耳其語，意思為母親）的味道。我想在日本推廣我一如既往用心製作的土耳其家庭的味道，每一道料理都包含了我滿滿的心意。」

提到土耳其料理，像是卡博烤肉（kebab）等肉類料理都很有名，但其實土耳其的蔬菜料理也是相當豐富。像是有名的牧羊人沙拉（P.30）、土耳其風小扁豆濃湯（P.30），還有稱為「Meze」的前菜，蔬菜料理應有盡有。

「前菜中有許多使用大量蔬菜的料理。」

土耳其很喜歡用豆子泥或蔬菜泥製作前菜，用菠菜或紅蘿蔔做的涼拌菜等菜餚也都很受歡迎。

「使用橄欖油來細火慢燉的蔬菜料理稱為『Zeytinyaglı』，橄欖油燉四季豆（P.35）跟橄欖油燉長蔥（P.35）都很好吃唷！還有，我也很推薦把米飯塞入青椒裡的青椒鑲飯（P.35）。」

土耳其不僅是世界上數一數二的橄欖油產地，也有相當多以橄欖油入菜的料理，但土耳其料理的口味給人的印象卻是出乎意料地清爽。

艾莉芙做起土耳其料理駕輕就熟，但她至今仍覺得日本傳統料理難以上手，而對和食充滿了敬意。

「我也好喜歡飯糰、味噌湯等日本家庭料理。喜歡到只要日本的朋友問我『妳有想要的東西嗎？』，我就會拜託他們『做日本料理給我吃』（笑）。」

牧羊人沙拉

材料：3～4人份

小黃瓜…3條
番茄…1大顆
紅椒…2顆
青椒…4顆
洋蔥…1/2顆
義大利巴西利…1包
A
鹽巴…1/3小匙
檸檬汁…1顆分量
▶鹽膚木…2～3小匙
橄欖油…大量

作法

1 以削皮刀將小黃瓜表面削出長條狀的花紋，然後切成1cm大的塊狀。將番茄切成1.5cm大的塊狀；紅椒、青椒對半縱切並去籽，然後切成7mm大的塊狀。把洋蔥切末，義大利巴西利切成粗末。
2 將步驟 1 的蔬菜全部放入碗中，加入材料 A（a），攪拌至所有食材入味。

a

▶

土耳其料理經常使用到的香草及辛香料

①鹽膚木（Sumac）：近似於紅紫蘇的辛香料，香氣清爽。非常適合蔬菜料理。
②阿勒波辣椒（Pul biber）：粗粒辣椒粉。因使用甜味品種的辣椒製作，所以辣味溫和，有著鮮甜的味道。是土耳其料理中常用的萬能香草。也可以用韓國產的粗粒辣椒粉代替。
③Karabiber：黑胡椒。通常都是比粗粒黑胡椒更細緻的粉狀黑胡椒。用途廣泛，從料理的事前調味到最後完成時皆可使用。
④Nane：土耳其產的乾薄荷。有著不同於新鮮薄荷的香氣，可成為料理的特色。

土耳其風小扁豆濃湯

材料：方便製作的分量

▶紅扁豆（乾燥）…250g
洋蔥…1/2顆
紅蘿蔔…1/2條
馬鈴薯…1/2顆
水…約1.5L
A
油…50g
麵粉…35g
水…600～700ml
鹽巴…1小匙多
黑胡椒…1撮
檸檬、▶阿勒波辣椒（依個人喜好添加）…各少許

作法

1 以水清洗紅扁豆，用篩網瀝乾後，再放入鍋中。將洋蔥、紅蘿蔔、馬鈴薯切片後放入鍋中（a）。
2 將水倒入鍋中，以中火加熱。煮滾後轉為小火，煮20～30分鐘，直到紅扁豆與馬鈴薯變軟。期間仔細地撈起浮出的雜質（b）。
3 將篩網架在大碗公上，然後過濾步驟 2。一邊以打蛋器混合篩網上的豆子等材料，一邊用篩網過濾（c）。
4 將材料 A 的油以及麵粉放入另一個鍋子，以打蛋器充分攪拌後，開火加熱。沸騰後再加入材料分量中的水調開。
5 將步驟 3 的紅扁豆湯倒入步驟 4 的鍋子中，開火加熱（d）。加入鹽巴、黑胡椒調味，煮到湯汁呈濃稠狀。
6 盛盤後再依個人喜好撒上滿滿的阿勒波辣椒，再擠上檸檬汁享用。

仔細撈掉雜質是關鍵。能去除多餘的味道，使湯頭變得爽口。

進行步驟3時，可拿出另一個碗，將碗底朝上放在篩網底下，這樣會比較好操作。

▶

紅扁豆

因為是已去皮的小扁豆，所以不須浸水泡發，馬上就能使用，短時間就能煮熟。經常使用於湯品料理。

a

b

c

d

牧羊人沙拉

Çoban Salatası

「Çoban」在土耳其語中的意思為「牧羊人」，是從前牧羊人在放牧時，摘取附近的蔬菜製作而成的簡易沙拉。類似紅紫蘇的鹽膚木是一種酸酸甜甜的辛香料，是製作這道沙拉的重點。

土耳其風小扁豆濃湯

mercimek çorbası

「mercimek」是指小扁豆，「çorbası」則是湯。是一道土耳其代表性的口感綿密又溫潤的濃湯。大多數的人會在早餐時配上麵包或沙拉一同享用這道濃湯，對於土耳其人而言，就像是味噌湯之於日本人一般。

土耳其炸菠菜派

Ispanakli Bőreği

土耳其為世界數一數二的麵粉產地，是絕大多數麵粉製料理的寶庫，像是麵包以及派、糕點等。把煮到軟爛的菠菜塞進派皮，再下鍋油炸的油炸派，在土耳其也是一道相當受歡迎的料理。

材料：約9個分量

〇菠菜內餡
菠菜…3把（600g）
青椒（切粗末）…3顆分量
洋蔥（切粗末）…1顆分量
阿勒波辣椒（粗粒辣椒粉）…2撮
油…1大匙
鹽巴…1小匙
〇派皮
麵粉（高筋麵粉）…300g
A
- 乾酵母…9g
- 砂糖…3g
- 鹽巴…9g
- 溫水…約200ml
- 油…1小匙多

手粉…適量
油炸專用油…適量

作法

1 製作「菠菜內餡」。以大量的熱水汆燙菠菜約2分鐘後，用篩網撈起菠菜。以流水沖洗並瀝乾水分後，將菠菜切段。
2 以平底鍋熱油，將青椒、洋蔥、阿勒波辣椒放入鍋中拌炒。
3 蔬菜炒軟後，加入鹽巴，再將步驟 1 的菠菜放入鍋中（a）一同拌炒，然後關火放涼。
4 製作「派皮」。把材料 A 放入碗中，攪拌均勻，靜置2～3分鐘。
5 把麵粉加入步驟 4 的碗中，用手將材料攪拌均勻（b）。
6 當麵團的表面呈現光滑狀且具有彈性後，將麵團整成一大團，並蓋上擰乾的溼布，靜置10～15分鐘左右，使麵團發酵（c、d）。
7 把步驟 6 的麵團分成9等分（1顆約60g）並且搓成圓形，然後將麵團放在撒上手粉的鐵盤上（e），蓋上擰乾的溼布，靜置30分鐘左右，使麵團發酵（f）。
8 將步驟 7 的麵團放在撒上手粉的平台上，以擀麵棍將麵團擀成橢圓狀（約16cm×20cm）（g）。
9 把步驟 3 的菠菜餡（均分成9等分）鋪在步驟 8 的一半的麵皮上（h），並預留1～2cm的麵皮邊緣，然後將麵皮對摺，用力壓緊邊緣的麵皮，包住菠菜餡（i）。
10 把油炸油加熱到中溫，再將步驟 9 的菠菜派放入油鍋，將雙面炸至金黃色（j）。

蔬菜滿滿的前菜

Meze

在土耳其，主餐之前的前菜稱為「Meze」，土耳其人習慣吃使用大量蔬菜製作的小盤料理。前菜的種類從冷盤到熱食都有，種類繁多亦為其特徵。由於前菜可以事先製作，所以多做一些備用的話會很方便。

α：茄子與番茄的前菜

／Patilican İmam Bayıldı

在土耳其語中，「Patilican」的意思是茄子，「İmam」是伊斯蘭教的教長，「Bayıldı」是昏倒，也就是「好吃到讓教長都要昏倒的茄子」，是一道擁有幽默菜名的料理。不論是剛起鍋的熱騰騰版本還是冷藏後的冰涼版本都相當美味。

b：青椒鑲飯

／Biber Dolması

土耳其的基本款鑲青椒料理。此處是將米飯及洋蔥、松子等食材塞入青椒，再以鹽水燉煮，做出一道口味清爽的料理。

c：橄欖油燉長蔥

／Zeytinyağlı Pırasa

用橄欖油將長蔥燉煮到軟爛，是一道每一口都吃得到長蔥甘甜的冷菜。推薦各位隔天再來享用，味道會比剛完成時更入味。

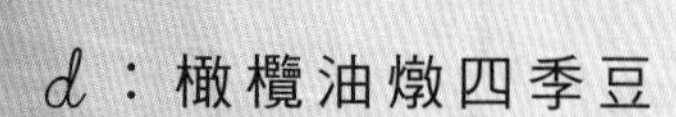

d：橄欖油燉四季豆

／Zeytinyağlı taze fasulye

以橄欖油烹煮蔬菜的「Zeytinyağlı」，是土耳其料理中經常使用到的料理方式。燉四季豆是很受歡迎的基本料理。

a

茄子與番茄的前菜

材料：8個分量

茄子…8條
洋蔥（切薄片）…2顆分量
大蒜（切薄片）…2瓣分量
番茄（汆燙剝皮後切丁）…2大顆分量
橄欖油…1大匙
鹽巴…1又1/2小匙
砂糖…2撮
蒔蘿（生）…4～5枝
黑胡椒…2撮
Nane（乾薄荷／P.30）…3撮
A
番茄泥…40g
鹽巴…5～6g
水…400ml
青龍辣椒…4根
番茄（切半月形）…8片
蒔蘿、檸檬片…各少許

作法

1 沿著茄子的蒂頭，用刀子輕輕劃一圈，切掉花萼的部分。用削皮刀縱向削皮，將茄子表面削成黑白相間的條紋狀，再將茄子浸泡在鹽水中（a）。
2 製作內餡。把橄欖油倒入平底鍋中，再將切成薄片的洋蔥及大蒜放入鍋中拌炒。炒出香氣後，再將切丁的番茄放入鍋中，並加上鹽巴及砂糖。
3 炒出洋蔥的甜味後，將蒔蘿切成段放入鍋中。並加上黑胡椒、Nane（乾薄荷），拌炒後關火。
4 將材料A放入碗中混合。
5 擦乾步驟1的茄子的水氣，茄子不沾麵衣直接下鍋油炸，炸至表皮略呈金黃色，然後瀝乾油分，並排在較深的烤盤。
6 將步驟5的茄子縱向剖開（b），並用湯匙撐開開口（c），再把步驟3的內餡塞入茄子（d）。
7 將半月形番茄片、去除蒂頭及籽再對半縱切的青龍辣椒擺放上去，然後把步驟4倒入烤盤中（e）。大約是淹到茄子一半的高度。
8 把步驟7放進預熱至240℃的烤箱中，烤15～20分鐘。當表面烤至略呈金黃色，番茄的邊緣稍微融化後即完成。盛盤並擺上蒔蘿及檸檬片。

a

b

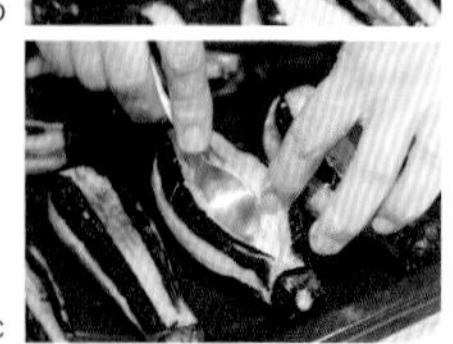
c

d

e

b

青椒鑲飯

材料：方便製作的分量

青椒…25顆
米…500g
橄欖油…適量
松子…2大匙
洋蔥（切末）…3個分量
鹽巴、胡椒…各少許
Nane（乾薄荷／P.30）…少許
番茄（當作蓋子）…少許
鹽水（比例為10g鹽巴：1L水）…適量
檸檬片…適量
義大利巴西利（切粗末）…少許

作法

1 青椒切除蒂頭，刮除內部並去籽；白米洗淨後瀝乾。
2 以鍋子熱油，輕輕翻炒松子後，加入洋蔥、洗好的米一起拌炒。加上鹽巴、Nane（乾薄荷）與胡椒後，再以小火拌炒片刻，然後關火靜置15～20分鐘。
3 把步驟2塞入步驟1的青椒中。將番茄削掉一層略厚的皮，再切成適當的大小，蓋在青椒的開口。
4 將步驟3的青椒開口朝上，緊密地排入鍋中，並倒入鹽水至青椒開口下方1～2cm處，蓋上鍋蓋並以小火加熱。
5 等到青椒變色且變軟後即可關火，直接靜置約15分鐘。冷卻後放入冰箱冷藏，盛盤後擺上檸檬，並撒上義大利巴西利。亦可依個人喜好擠上檸檬汁。

※ 在將內餡塞入青椒時，若是塞得太多的話，內餡會在烹煮時吸水膨脹，而使青椒破裂，所以大概塞八至九分滿即可。

c

橄欖油燉長蔥

材料：方便製作的分量

檸檬…1/2顆
米…2大匙
橄欖油…50～60ml
洋蔥（切末）…1大顆分量
紅蘿蔔…3條
→削皮後對半縱切，再斜切成薄片
長蔥…8根
→連同蔥綠切成3～4cm長
番茄泥…2大匙
水…約200ml

作法

1 將檸檬削皮並去籽，再切成粗末。白米淘洗後瀝乾。
2 把大量的橄欖油倒入鍋子裡，將洋蔥炒軟後，再加上紅蘿蔔、番茄泥一起拌炒（a）。
3 加入長蔥、步驟１的檸檬、米（b），並倒入100ml的水，蓋上鍋蓋以最小火烹煮。
4 一邊補充適當的水量（約100ml），將蔬菜煮軟後即可關火。冷卻後放入冰箱冷藏（c）。

a

b

c

d

橄欖油燉四季豆

材料：方便製作的分量

四季豆…500g
番茄…1大顆
橄欖油…45g
洋蔥（切粗末）…1大顆分量
細砂糖…1/2小匙
番茄泥…1/2大匙
鹽巴…10g再少一些
水…約100ml

作法

1 切除四季豆的蒂頭，並切成3等分。番茄削皮後切成粗末。
2 把橄欖油倒入鍋子加熱，再放入洋蔥拌炒。將洋蔥炒軟後，加上番茄泥一起拌炒，再加入步驟１的四季豆、番茄、鹽巴、細砂糖與水，蓋上鍋蓋後，以小火加熱至個人喜好的程度。
3 確認一下味道，太淡的話可以再補上鹽巴來調味，然後關火。冷卻後放入冰箱冷藏。盛盤並擺上檸檬片。亦可依個人喜好擠上檸檬汁。

※ 在步驟２烹煮四季豆時，不要把四季豆煮得過硬或過軟，控制在恰到好處的口感，是這道料理的重點。番茄的水分也會影響燉煮的時間，燉煮的同時要注意觀察。

Point
土耳其料理的前菜（Meze）中有很多蔬菜料理。

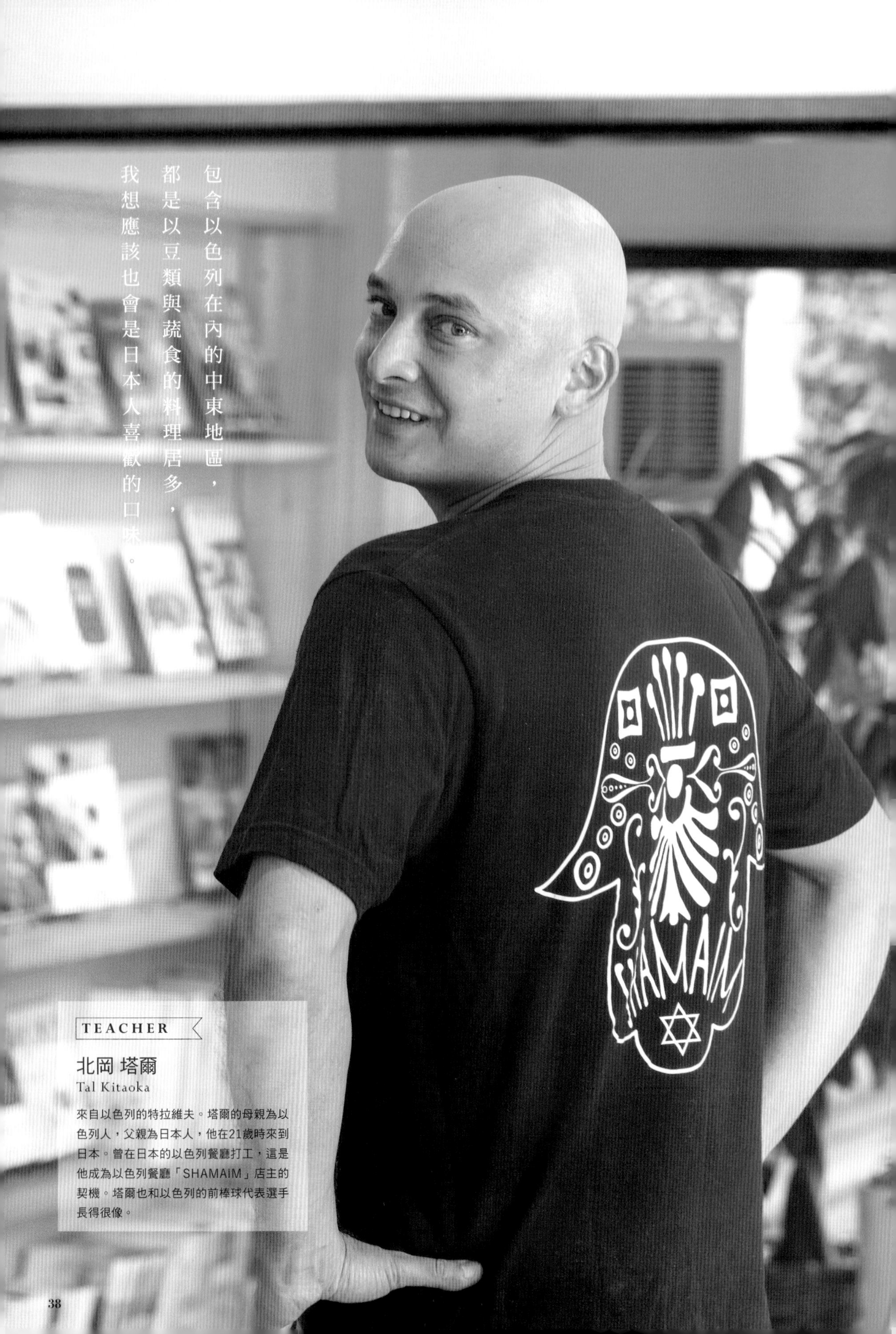

包含以色列在內的中東地區，
都是以豆類與蔬食的料理居多，
我想應該也會是日本人喜歡的口味。

TEACHER

北岡 塔爾
Tal Kitaoka

來自以色列的特拉維夫。塔爾的母親為以色列人，父親為日本人，他在21歲時來到日本。曾在日本的以色列餐廳打工，這是他成為以色列餐廳「SHAMAIM」店主的契機。塔爾也和以色列的前棒球代表選手長得很像。

LESSON4

ISRAEL

以色列

塔爾是位於練馬區江古田的以色列料理餐廳「SHAMAIM」的負責人兼主廚。雖說是以色列料理，卻不太容易馬上就聯想到是什麼樣的料理，不過，塔爾做的料理卻不可思議地很合日本人的口味。

「不論是以色列還是周圍的國家，中東地區的料理都挺相似的，大多都是豆類與蔬菜的料理，也會使用辛香料，但是並不會過於辛辣，所以我想應該也會是日本人喜歡的口味。」

在塔爾的店裡，除了卡博烤肉串（shish kebab）等肉類料理，亦有蔬菜料理或是鷹嘴豆泥（hummus）、番茄豆子湯、中東人氣料理、炸鷹嘴豆餅等素食料理。

「以色列雖然不是素食主義人口特別多的地方，不過很多料理都是素食主義者也能享用的。自從店裡開始提供以這些料理為主的蔬食套餐後，獲得了很多好評，提供蔬食套餐已經持續有20年了吧。」

塔爾不是個愛說話的人，外表有些冷淡、不易親近的感覺。看不出來他是會下廚的類型，但塔爾說，其實他的料理經驗是從小時候就開始的。

「在以色列，雙親都得外出工作，所以就只好自己下廚做飯。我從小就開始在煮飯了。可是我並沒有討厭煮飯這件事喔。」

這次，塔爾將要公開店裡的菜單上也沒有的以色列料理！他用在家也能輕鬆製作的簡易版食譜，來為我們介紹「SHAMAIM」的招牌料理——炸鷹嘴豆餅。

「在日本，很多人都以為口袋餅要用買的才吃得到，但其實它的作法很簡單。因為高溫是製作口袋餅的關鍵，所以使用家用烤箱來製作時，可能會膨脹得不是那麼好，不過味道倒是沒問題」。

熱騰騰的口袋餅配上特製的沾醬和炸鷹嘴豆餅，趕緊來開動吧！

中東風布格麥沙拉

Tabbouleh

使用巴西利、薄荷及檸檬等香料，將布格麥（Bulgur）做成清爽的沙拉。在以色列及中東地區諸國，是一道廣泛食用的料理。

中東風鷹嘴豆可樂餅

Falafel

把搗成泥的鷹嘴豆加上辛香料或香草香料，搓成圓形後下鍋油炸而成。豆類富含蛋白質，營養滿分！在以色列及中東地區諸國，是一道經常食用的料理。

中東風布格麥沙拉

材料：3～4人份

布格麥（細磨／P.133）…35g

A

- 細蔥（切末）…1/2把分量
- 義大利巴西利（切末）…約2～3包分量
- 綠薄荷（切末）…1/2包分量

番茄（切末）…1小顆分量

檸檬汁…1/4顆分量

橄欖油…2大匙

鹽巴…1/2小匙

黑胡椒…少許

作法

1 以水稍微清洗布格麥後放入碗中，倒入可淹過布格麥的熱水（a），蓋上保鮮膜，靜置約1個小時再取出布格麥，以流水沖洗後撈起，瀝乾水分。

2 把材料A全部放入碗中，加入步驟1的布格麥（b）以及番茄，攪拌所有食材。

3 加上橄欖油與檸檬汁（c），以鹽巴及胡椒調味。

※ 布格麥是將杜蘭小麥碾碎而成的碎小麥，有細粒與粗粒等各種形式。Q彈有勁的口感是布格麥的特徵，使用前要將布格麥浸在熱水中泡發。

a

b

c

中東風鷹嘴豆可樂餅

材料：15～16個分量

A

- 鷹嘴豆（乾燥）…250g
- 洋蔥（切塊）…1/2顆分量
- 義大利巴西利（切段）…1包分量
- 大蒜…2瓣
- 鹽巴…1小匙
- 胡椒…1/2小匙
- 孜然粉…1/2小匙

油炸專用油…適量

作法

1 將材料A的鷹嘴豆泡水半天（12小時），待鷹嘴豆充分吸水後，再將豆子瀝乾。

2 以食物調理機將材料A打成泥狀（a）。

3 將步驟2分成15～16等分（b），整成一口大小的扁平橢圓形（c）。

4 把步驟3放入180℃的熱油中，直到整顆豆餅都炸到呈現金黃色時（d）即可撈起，並瀝乾油。

a

b

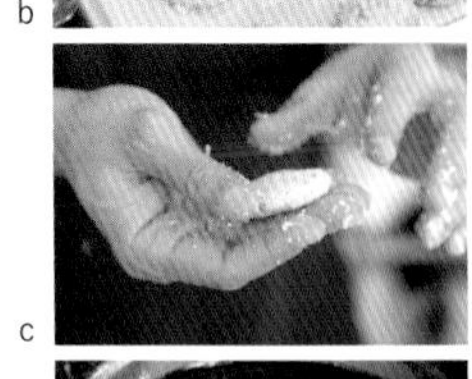

c

d

把口袋餅（P.44）劃出一個開口，再把中東風布格麥沙拉與中東風鷹嘴豆可樂餅塞入其中做成口袋三明治，也一樣很好吃。

中東風高麗菜捲

Kuruvu Memure

在日本也相當熟悉的高麗菜捲，其起源有一說是發源自中東地區。高麗菜捲的內餡不是絞肉，主要是米飯及豆子！用番茄的味道來燉煮，做成清新爽口的味道。

材料：10～12捲分量

高麗菜…1小顆
水…適量
番茄泥…3～4大匙
⇒依個人喜好，亦可增加用量
○內餡
印度香米（Basmati）*…300g
A
- 洋蔥（切末）…1顆分量
- 小扁豆（褐色）…100g
  ⇒先泡水6小時以上
- 鹽巴…1大匙
- 黑胡椒…1/2大匙
- 肉桂粉…1/2大匙
- 蒔蘿（切末）…1/2包

鹽巴…適量

*印度香米比日本的米細長，也比較不黏，輕盈鬆散的口感為其特徵。從中東至南亞地區皆喜愛食用此種米。

在製作高麗菜捲時，如果燙好的小片高麗菜有多出來的，可以拿來做成醃漬高麗菜。先把高麗菜切成段，然後在高麗菜葉之間放入1包蒔蘿與2瓣大蒜，塞入瓶子裡。倒入熱鹽水（鹽分約為2%）並蓋上瓶蓋，置於陽光無法直射的陰涼處約3天左右。也可以當成配菜食用。

作法

1 用菜刀朝高麗菜心的周圍入刀，挖掉高麗菜心（a）。
2 將整顆高麗菜放進深鍋中，加水煮沸後再加上少許鹽巴，把高麗菜汆燙至綠色菜葉的部分變得更鮮綠（b）。中途要將上下翻轉，讓整顆高麗菜都有被汆燙到，注意不要煮過頭。
3 從鍋子裡撈起高麗菜然後放涼。冷卻後剝開成一片一片。
4 將印度香米浸泡在熱水中30分鐘（c），然後撈起香米瀝乾水分，再與材料A混合（d）。確認一下味道，必要時可再追加辛香料。
5 將高麗菜葉平鋪在鐵盤等容器上。將步驟4的內餡放在近前方的高麗菜葉上，然後將高麗菜葉從左右兩邊摺到中間（e），再往對側捲成一捲（f）。
6 將步驟5高麗菜捲收尾的那一面朝下，緊密地排列在深鍋中（g）。
7 把水及番茄泥倒入步驟6中，開火加熱，煮滾後再加鹽巴。
8 用盤子或烘焙紙直接蓋在高麗菜捲上（h），以小火燉煮約1小時，將湯汁收乾到稍微露出高麗菜捲的程度（i）。

a b c
d e f
g h i

口袋餅

Pita

扁平的圓狀麵包，因中間帶有空洞，所以也被稱為「Pocket bread」。在中間夾入鷹嘴豆可樂餅或是沙拉做成三明治的話，就是一道漂亮出色的輕食。

茄泥沾醬

Baba Ghanoush

把烤好的茄子用檸檬、鹽巴及胡椒來調味。將茄子烤到烏黑的步驟，是引出美味的關鍵。配上口袋餅一同享用吧。

口袋餅

材料：6塊分量

高筋麵粉…500g
鹽巴…1小匙
酵母粉…2小匙
黑糖（brown sugar）…1大匙
橄欖油…1又1/2大匙
溫水…約350g

作法

1 將高筋麵粉過篩至大碗中，依序加入鹽巴與酵母，用手攪拌後，再加上黑糖，進一步將材料攪拌均勻。
2 將全部的橄欖油以及一半的溫水倒入其中，攪拌混合（a）。一邊確認麵團的狀況，一邊分次緩緩補足溫水。
3 大概揉10分鐘，將麵團揉到溼潤光滑的程度（b）。
4 把擰乾的溼毛巾蓋在麵團上，靜置發酵1～1.5個小時，使麵團膨脹至兩倍大。
5 將步驟 4 的麵團分成6等分（c）並搓成圓形，以擀麵棍擀成3～4mm厚的圓片，整理一下形狀（d、e），再把麵團排在鋪好烘焙紙的烤盤上（f），蓋上溼布靜置約10分鐘。
6 將步驟 5 的麵團放進預熱至高溫（250℃）的烤箱中，烤7～8分鐘。烤好後從烤箱中取出放涼。

d a e b f c

烤箱溫度會因為烤箱的功能以及狀況而有所不同，但還是盡可能以高溫（250℃以上）且短時間烘烤，才能讓麵團中的水分一口氣變成蒸氣，烤成高高鼓起的口袋狀。

Point
溫度及溼度會因季節而改變，所以調整水量與發酵時間是製作的關鍵。

茄泥沾醬

材料：2～3人份

茄子…5條
鹽巴…適量
胡椒…適量
檸檬汁…1/8顆分量
橄欖油…適量
義大利巴西利…適量

作法

1 把茄子放在烤網上用大火烤（a）。將整根茄子烤到外皮烏黑、茄子肉變軟。
2 將烤好的茄子放入有附蓋子的保存容器內，或裝入密封袋中並關緊開口，讓茄子在裡面燜煮。
3 待步驟 2 的茄子冷卻後，削去茄子皮（b）並去除蒂頭，再用菜刀剁成泥狀（c）。
4 將步驟 3 放入碗中，加上鹽巴、胡椒與檸檬汁攪拌。
5 將步驟 4 盛盤並抹平，再以畫圈的方式淋上橄欖油，裝飾上義大利巴西利。

a

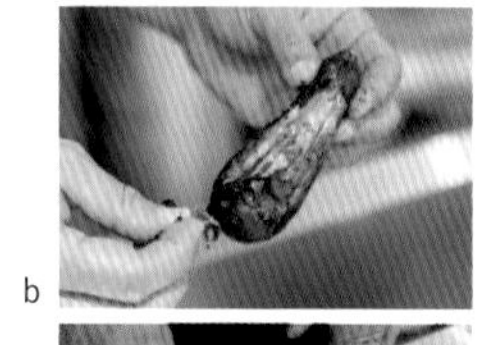
b

c

承襲自在蘇丹出生長大的母親，
有著滿滿的蔬菜及豆類的蔬食料理。

TEACHER

尼爾．蘇姆尚德

Neal Somchand

尼爾的雙親是在蘇丹長大，而且為素食主義者。母親在英國主掌印度蔬食料理教室。尼爾本身是在英國出生，但受到雙親的影響而精通印度料理與蘇丹料理。目前正專心致力於精進料理的進修。

SUDAN

蘇 丹

尼爾的國籍是英國，但他擅長的卻是蘇丹料理，而且印度料理也是他的拿手菜！這是因為尼爾的雙親是在蘇丹出生長大的印度人。

「我的父母親都是素食主義者，所以我也是天生的素食主義者，靠著不使用魚與肉的蘇丹料理與印度料理長大成人。我從小就很喜歡烹飪，現在還是經常製作從媽媽那學來的蘇丹料理。蘇丹料理中有許多肉類料理，但也經常使用蔬菜及豆類入菜，所以就算是素食主義者也不會為此感到困擾。」

尼爾因留學而在2004年時來過一次日本，他說，讓他熱愛料理的心深深受到震撼的，是日本的精進料理。

「精進料理的思想、美麗的外觀與美味，讓我非常感動。但也覺得自己要做出精進料理很不容易，感覺難度很高。」

而這件事的轉機是在他回國之後。那是他在倫敦一間很受歡迎的和食純素餐廳用餐時的事情。

「簡單卻非常好吃！我當場就拜託老闆讓我在餐廳裡當免費義工。」

在那之後，尼爾無償工作了三年，有時候也會舉辦被稱為「Supper Club」這種在自家的「私宅餐廳」。而且，在他因為「想要更了解精進料理」而再次來到日本後，也還是持續舉辦這項活動。

「白天我是上班族。料理的活動固然辛苦，但烹飪對我而言就是冥想的時間。」

在Supper Club，尼爾會招待客人享用精進料理，然而在料理教室，尼爾的原點──滿是蔬菜和豆類的蘇丹料理烹飪班則是大受歡迎。

「在日本，幾乎沒什麼人知道蘇丹料理，但以最少量辛香料所調製而成的溫和味道，是日本人會喜歡的口味。蘇丹料理的烹飪方式也很簡單，有很多泥狀類料理等可以事先做起來放，所以對於忙碌的人來說很方便喔！」

蘇丹風花生醬沙拉

Salada Tomaten Beru

蘇丹為花生的一大產地，料理中也經常使用花生醬。用花生醬拌上大量的番茄與青椒做成的沙拉，口味濃郁卻十分清爽，是會讓人上癮的味道。

蘇丹風番茄燉蠶豆

Huru medamusu

好吃到就算稱之為蘇丹的國民美食，也一點都不為過！這是每天的餐桌上一定會出現的燉豆料理。有許多人會拌著芝麻沾醬一起吃，也可以把煎成扁平狀的麵包撕成一塊一塊，用麵包挖著吃。

蘇丹風花生醬沙拉

材料：4人份

A
- 花生醬（無糖）…3大匙
- 溫水…30ml

B
- 檸檬汁…1大匙
- 醋…2大匙

番茄（1cm見方）…2顆分量
青椒（1cm見方）…1顆分量
鹽巴、胡椒…各少許

作法

1 將材料 A 放入碗中攪拌均勻，當花生醬攪拌至呈現光滑狀後（a），再加入材料 B 攪拌。
2 把番茄、青椒加入步驟 1，稍微攪拌後（b），以鹽巴及胡椒調味。

a
b

蘇丹風番茄燉蠶豆

材料：4人份

▶蠶豆（水煮罐頭）…1罐（400g）
橄欖油…適量
洋蔥（1cm見方）…1大顆分量
大蒜（切末）…2瓣分量
番茄（1cm見方）…1大顆分量
番茄泥…1/2大匙

A
- 辣椒粉…1小匙
- 孜然粉…1/2小匙
- 芫荽粉…1小匙
- 阿魏粉（P.134）…1/2小匙

檸檬汁…1小匙
鹽巴…2撮
芝麻沾醬★…依個人喜好

作法

1 在鍋中倒入略多的橄欖油加熱，放入洋蔥及大蒜拌炒。再將番茄、番茄泥放入鍋中，以木鏟一邊攪拌一邊燉煮。
2 當番茄煮到破碎狀，且水分都釋放出來之後，再將材料 A 放入鍋中攪拌（a）。
3 煮到湯汁收乾後，加入蠶豆、檸檬汁與鹽巴（b），一邊攪拌，一邊將蠶豆弄碎，將蠶豆燉煮到軟爛為止（c）。
4 盛盤後依個人喜好擺上芝麻沾醬（Tahini），再配上扁麵包。

a
b
c

大多數的人都是配上扁麵包一起吃，或是配上蘇丹風花生醬沙拉還有芝麻沾醬。

▶

蠶豆

在蘇丹，蠶豆被稱為「Foul」，是蘇丹料理中不可或缺的食材。當地人會將乾蠶豆泡發後再使用，此處則是使用較方便的水煮罐頭。

稱為「Tahini」，可淋在料理上，也能當成沾醬

★ 芝麻沾醬

將2大匙豆漿優格、3大匙芝麻醬放入碗中攪拌，加入材料A〔醋1小匙、蒜末1瓣分量、孜然粉1小匙、檸檬汁1小匙、鹽巴少許〕後攪拌均勻。完成後以畫圈方式淋上適量的橄欖油（方便製作的分量）。

蘇丹風燉小扁豆

Adas

小扁豆在蘇丹稱為「Adas」，這碗燉小扁豆能品嘗到樸實的味道。加入「阿魏」這一種有助於消化豆類的辛香料，做成了一道有益身體的料理。

材料：4人份

紅扁豆（乾燥）…180g
水…100g
橄欖油…適量
洋蔥…1顆
大蒜…1又1/2瓣
A
- 番茄泥…1/2大匙
- 阿魏粉（P.134）…1/4小匙
- 孜然粉…2又1/2小匙
- 芫荽粉…2小匙

麻油…2小匙
檸檬汁…1小匙
鹽巴…2撮

作法

1. 用水清洗紅扁豆，然後將紅扁豆與分量內的水放入鍋子加熱。煮滾後轉成小火，將豆子煮到軟爛後，以篩網濾乾（a）。
2. 以食物調理機將洋蔥及大蒜打成泥狀。
3. 用另一個鍋子加熱橄欖油，將步驟 2 的洋蔥及大蒜炒成褐色後（b），加入材料A，拌炒約1分鐘。
4. 加入步驟 1 的扁豆，再加上麻油、檸檬汁攪拌，並以鹽巴調味。當水分太少時，可以分次加入少量水（分量外）（c），一邊觀察燉扁豆的狀況，一邊調整成濃稠的泥狀（d）。最後撒上切成小塊狀的番茄以及少許的巴西利（皆為分量外）。

※ 亦可依個人喜好追加檸檬汁。

a

b

c

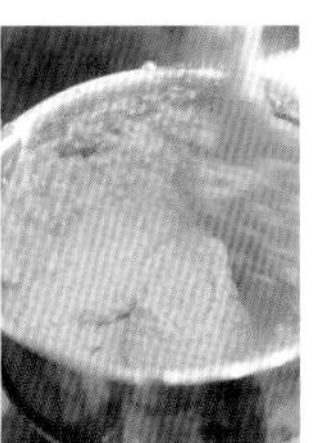
d

蘇丹風小黃瓜優格沙拉

Saratetto Sabadee Biru Ajyuru

切好小黃瓜之後，只要再拌上其他材料，即可完成簡單的沙拉。用優格與辛香料做出清爽的風味，也很推薦當成早餐。

材料：4人份

小黃瓜…1條
大蒜…1/2瓣
豆漿優格…150g
孜然粉…1/2小匙
孜然籽…1/2小匙
鹽巴…1/4小匙

作法

1 將小黃瓜縱切成4等分後，再切成1cm寬的大小。
2 將步驟 1 及其餘的材料皆放入碗中攪拌（a），然後充分冷卻。盛盤後再依個人喜好撒上辣椒粉（分量外）。

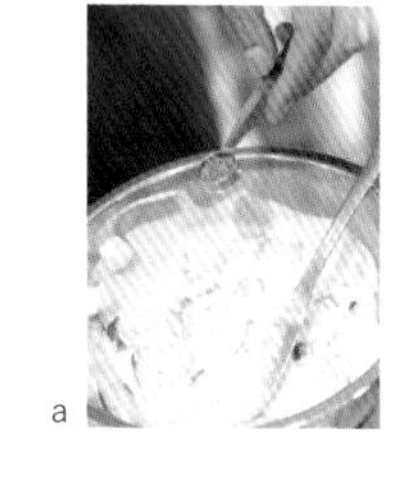
a

Point
若不是純素者，使用普通的優格也可以。

一覽出人意表的蔬菜料理技巧！

到了不同的國家，切菜的方式以及處理方式也都不一樣。例如：在日本，一般都是在砧板上切菜，但是在世界各國卻有許多「不用砧板派」。剛開始雖然嚇了一大跳，但實際上這樣做卻挺合理的。我們就來瞧瞧大家的私藏技巧吧！

不用砧板！？

土耳其

切末也是在半空中！

用手拿著一把巴西利，將刀刃由下而上移動，俐落地切著。

小黃瓜切塊

先縱向劃上十字刀痕，然後再橫向移動菜刀切塊。成塊的小黃瓜就直接掉入碗中。

泰國

青花菜也是用手拿著，然後把菜刀由外側向內側切！不習慣這種切法的話，會看得心驚膽顫呢。

我已經很習慣把菜拿在手上切了。

摩洛哥

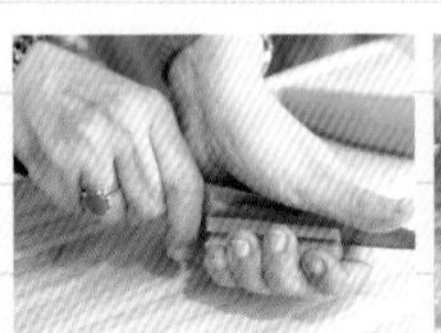

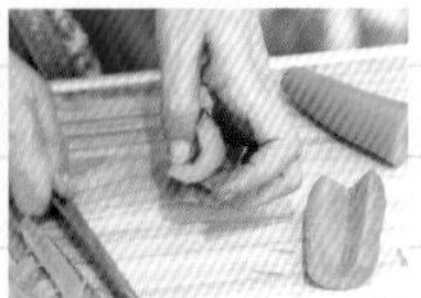

切掉紅蘿蔔芯也是直接拿在手上切！以V字型的方式下刀，切掉紅蘿蔔芯。

移動菜刀的方向相反？

越南

來看看削紅蘿蔔皮的方式。在日本，一般都是「從對側向近前側削皮」，不過在越南則是將菜刀「從近前側向對側」移動。

番茄要磨成泥！？

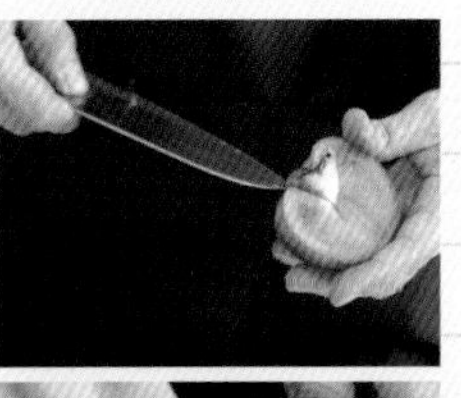

西班牙

將番茄對半切開並去除蒂頭，然後直接將帶皮的番茄磨成泥。這樣一來，番茄泥就會充滿空氣而變得蓬鬆，據說可以增加甜味。

土耳其

蔬菜在鍋子上面刨成絲，然後直接落入鍋中。這樣的作法很有道理，而且也能縮短時間。

只用菜刀削番茄皮？

摩洛哥

西班牙

似乎較常用菜刀削番茄皮，而不是用汆燙剝皮的方式。這樣可以省去煮熱水的功夫，而且還能夠活用番茄的新鮮味道。

用手剝掉洋菇的皮！？

西班牙

「洋菇有皮嗎？」大家應該都是這麼想吧。剝掉洋菇的皮，其實可以讓洋菇更容易入味。

用研缽來磨碎香草與辛香料

印尼

泰國

印度

在東南亞或印度，經常可以看見使用研缽及研杵在磨碎辛香料或香草的景象。雖然也可以用食物調理機攪碎，但使用研缽來研磨的話，香料的風味會格外地好。

把整個茄子烤到烏黑！

印度

以色列

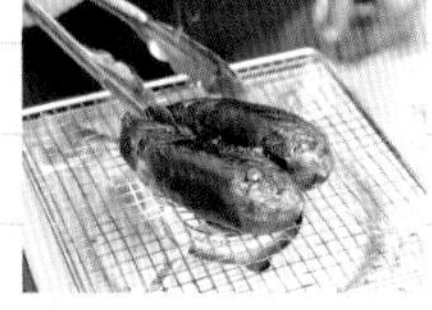

把茄子放在烤網上烤到烏黑，再做成茄泥或咖哩。香甜且入口即化的風味最棒了！

辛香料與油是絕佳搭檔

印度

辛香料的香氣與油是絕佳的搭配，許多辛香料都具有脂溶性的性質。用油炒出辛香料的香氣後，再用於料理的話，就能完完全全地展現真正的香氣。

把香草&辛香料塞入／插入食材中

印度

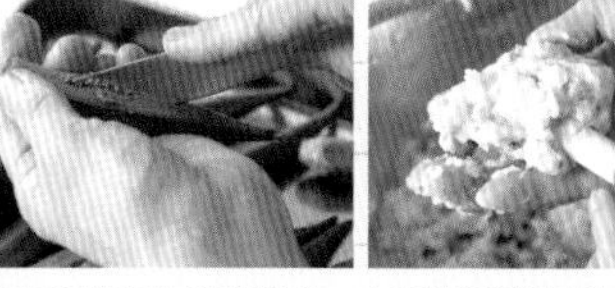

還有將辛香料塞入蔬菜裡的技巧！剖開秋葵，將混合香料塞入其中再料理。

越南

以檸檬草代替竹串！入口的瞬間，清爽的香氣在嘴裡蔓延。

其實食材與用具都很簡單。
印度料理是「露營料理」!?

TEACHER

阿尼爾・K・塞堤
Anil.K.Sethi

秀子・塞堤
Hideko Sethi

阿尼爾來自印度北部的新德里。1986年以瑜珈講師的身分來到日本。以「靠自己活到人生的最後一刻」為信條，持續地在傳授簡單的瑜珈。太太秀子則為新潟縣人，1979年開始做瑜珈，之後前往印度學習瑜珈。婚後與丈夫一同教瑜珈。亦有許多著書（共著）。

LESSON6
NORTH INDIA
北印度

來自新德里的阿尼爾，以及出生於新潟的秀子，夫妻倆經常因為教瑜珈而要飛往日本全國各地，是相當受歡迎的瑜珈講師。兩人都很擅長烹飪，聽說，他們也經常招待瑜珈教室的學生吃北印度的料理。

阿尼爾說：「我會製作肉類的印度料理來作為宴客菜，不過以蔬菜或是豆類製作的印度料理，學生們也都覺得很不錯。在印度的家庭中，大部分也都是吃只用蔬菜做的料理喔！」

印度是一個素食主義者眾多的國家，像是阿尼爾的父親與祖父，也都是因為上了年紀而變成素食主義者。

「印度的純素主義者並不多，有許多素食主義者也會攝取乳製品，像是酥油或是起司等，這些乳製品都相當美味，還很有飽足感。聽說素食料理對身體比較好，所以也有許多人在上了年紀之後選擇吃素食。」（阿尼爾）

這對夫妻倆，在料理教室開的課不是瑜珈課，而是教授製作印度家庭料理的烹飪班。料理的食材都很簡單，步驟也不複雜，只要能把辛香料都備齊，簡直可說是小菜一碟。

秀子說：「簡單又美味是印度料理的最大魅力。常聽人家說『印度料理就是露營料理』。」

「在印度，水也是相當珍貴的資源。以番茄的水分來燉煮蔬菜等方式，都是利用最少的水來烹飪的智慧。姑且不論餐廳的料理，光家庭料理的烹飪用具就很簡單，有很多料理都是一鍋到底完成的。」（秀子）

像是茄子咖哩、苦瓜咖哩、秋葵咖哩等等，除了身為主角的蔬菜之外，作為配料的洋蔥、番茄等，吃起來也是相當美味。

「就算食材不多也沒問題。印度料理果然就是露營料理，對吧？」（阿尼爾）

印度風蔬菜炊飯

Veg pulao

加入北印度辛香料的炊飯。作法簡單但口味道地，這是令人最開心的。

材料：2人份

米…2杯
油…1小匙
孜然籽…1小匙
紅辣椒…1條
紫洋蔥（切末）…中型1/2顆分量
馬鈴薯（切銀杏葉形）…中型1顆分量
青豆…1/2杯
鹽巴…1/2小匙
▶塞堤家的瑪撒拉香料…1小匙
月桂葉…1片

作法

1 把油倒入平底鍋中，放入孜然籽與紅辣椒開火加熱，冒出小泡泡時，再加入紫洋蔥、馬鈴薯及青豆拌炒1～2分鐘。
2 把鹽巴、塞堤家的瑪撒拉香料加入步驟 1 攪拌，再將瀝乾水分的米（a）放進來，大致攪拌後加入月桂葉。
3 將步驟 2 移入炊飯鍋中，加水（分量外）至高於材料約2cm處，然後開始炊飯。飯煮好後再燜煮一下，即可盛盤。

※ 米飯的軟硬度依個人喜好調整。利用水量多寡調整成喜歡的軟硬度。
※ 以汆燙過的鷹嘴豆代替青豆也一樣很美味。
※ 亦可使用日本米。使用去年收割的米做成的炊飯也很好吃。

a

鷹嘴豆馬鈴薯咖哩

Chana masala

在素食主義者眾多的印度，就是要吃豆子咖哩。就算沒加肉也有濃郁的味道，吃起來十分滿足。

材料…2人份

鷹嘴豆（乾燥）…1杯（約100g）
馬鈴薯…2顆
完熟番茄…1小顆
油…1大匙
孜然籽…1小匙
大蒜、薑（皆切末）…各1小匙
紫洋蔥（切末）…1顆分量
水…適量
A
鹽巴…1小匙
▶塞堤家的瑪撒拉香料…2小匙
辣椒粉（依個人喜好）…少許
香菜（切末）…約5枝分量
鹽巴、辣椒粉…各少許
葛拉姆瑪撒拉香料（garam masala）…約1/2小匙
香菜…少許

作法

1 先將鷹嘴豆泡水一個晚上泡發。將泡發的鷹嘴豆、1.5L的水（分量外）放入鍋子加熱，以小火燉煮40～60分鐘，直到豆子變軟。
2 將馬鈴薯切成半月形，番茄切塊。
3 以平底鍋熱油後，放入孜然籽，炒到冒出小泡泡後，再加上大蒜與薑爆香，但不要炒焦。
4 然後加入紫洋蔥，一邊以木鏟攪拌，一邊以中火炒5分鐘左右，將洋蔥炒成焦糖色。再將步驟 2 的馬鈴薯放入鍋中，炒2～3分鐘。
5 加入步驟 2 的番茄，以木鏟一邊攪拌一邊拌炒，直到整鍋都變得濃稠後，再加上材料 A 攪拌。
6 將步驟 5 加入至步驟 1 煮鷹嘴豆的鍋子（如果湯汁不夠，就再加水補足）裡攪拌。試一下味道，再以鹽巴、辣椒粉與葛拉姆瑪撒拉香料調整成喜歡的口味。
7 蓋上鍋蓋，以小火燉煮約15分鐘。將馬鈴薯煮到鬆軟後即可完成。再依個人喜好撒上香菜。

※ 使用泡過水的乾鷹嘴豆來製作肯定會比較好吃，若是使用水煮罐頭的話，要將1罐（400g）的分量清洗後瀝乾，並且要去皮後再使用。
※ 如果買得到當季的青辣椒，就減少辣椒粉的量，再加入切末的青辣椒來增添風味。
※ 若是想做成湯咖哩，可藉由增加水量，以及分次加入少量的塞堤家的瑪撒拉香料、鹽巴與辛香料來調整。

▶

塞堤家的瑪撒拉香料

在印度，瑪撒拉（Masala）指的是綜合辛香料。每戶人家都有自己的配方，此處介紹與蔬菜咖哩相當對味的塞堤家特製「塞堤家的瑪撒拉香料」。為了引出蔬菜的味道，所以配方簡單，以薑黃粉8：孜然粉1：葛拉姆瑪撒拉香料1：芫荽粉少許的比例混合而成。依個人喜好加上辣椒粉也很不錯。若是不方便調配此配方，也可以使用市售的咖哩粉，不過做出來的味道會稍微偏甜。

烤茄子咖哩

Baigan Bhurtha

先將美國茄做成烤茄子，再用番茄將入口即化的美國茄燉煮成茄子咖哩。製作的重點是直接用火烤茄子，以及把洋蔥炒透。這樣可增加甜味，讓味道更濃郁。燉煮的程度請依個人喜好調整。

材料：2人份

美國茄…1條（或是茄子3～4條）
油…1大匙
孜然籽…1小匙
薑、大蒜（各磨成泥）…各1小匙
紫洋蔥（切末）…1/2顆分量
完熟番茄（滾刀切塊）…中型1顆分量
鹽巴…1小匙
香菜（切末）…1小匙
塞堤家的瑪撒拉香料（P.57）…2小匙
辣椒粉…依個人喜好
芫荽粉…1/2～1小匙
青豆（依個人喜好）…20～30粒

作法

1 將連著蒂頭的美國茄放在烤網上，直接用火烤，把整個茄子的外皮都烤到烏黑（a）。
2 把水倒入碗中，一邊將步驟 1 的茄子沾水，一邊剝掉茄子的皮。在茄子上縱向劃開3～5條開口，然後把茄子放在篩網上瀝乾水分，就這樣放置20分鐘左右，讓多餘的水分落下。
3 把1大匙的油與孜然籽放入較深的平底鍋或是鍋子裡加熱。冒泡後再加入大蒜及薑爆香，但別炒焦了。
4 加入紫洋蔥，將洋蔥炒成焦糖色（b）後，加上鹽巴、番茄。把番茄炒軟，做成入口即化的濃稠咖哩醬。
5 加入切末的香菜以及塞堤家的瑪撒拉香料拌炒，小心別炒到燒焦，再加上個人喜好分量的辣椒粉。
6 加入步驟 2 的茄子，一邊用木鏟將茄子搗碎（c），一邊和咖哩醬攪拌均勻。
7 加入芫荽粉，以小火燉煮約3分鐘。最後可依個人喜好，加上汆燙成翠綠色的青豆。

※ 鹽分的斟酌加量是蔬菜料理的美味關鍵。找到適當的時機來試試味道，若是太鹹的話，最好加上辣椒粉的辣味，讓味道變得協調。

醃薑

將200g的薑削皮，切成2～3mm厚的片狀，並把1/3的薑放入洗乾淨的密封罐中，再放上5根去除蒂頭的青辣椒。然後疊上1/3顆分量的萊姆（或是檸檬），再以1/3的薑、1/3顆的萊姆的順序疊放，並再重複一次疊放薑片與萊姆的步驟。放入2小匙的鹽巴、1小匙的印度藏茴香籽（繖形科，具有助消化的功效）、1顆分量的萊姆汁，蓋上瓶蓋，一天後即可食用。
※冷藏可保存一星期。建議可以事先做好。
※加上印度藏茴香會讓味道更加道地，但如果沒有的話，省略不加亦無妨。

a

b

c

苦瓜咖哩

Karela Sabzi

使用具有消暑效果的苦瓜做成的咖哩，最適合酷暑時節了！
使用完熟的番茄，就能煮出更美味的咖哩。

材料：2人份

苦瓜…1條
油…1大匙
大蒜（切薄片）…1瓣分量
紫洋蔥（切薄片）
…1/2顆分量（100g）
完熟番茄（滾刀切塊）…1顆分量
香菜（切末）…3枝分量
▶塞堤家的瑪撒拉香料（P.57）…1小匙
鹽巴…1/2小匙
葛拉姆瑪撒拉香料…少量
辣椒粉…依個人喜好
檸檬…1/2顆

作法

1 將苦瓜對半縱切後去籽，再切成3～5mm厚的薄片。
2 把油倒入平底鍋，放入蒜片並以中火拌炒，將蒜片爆香，但不要炒到燒焦。
3 把紫洋蔥加入步驟 2 中，將紫洋蔥炒軟後，再將番茄放入鍋中，並加上鹽巴、塞堤家的瑪撒拉香料與香菜，用鍋鏟攪拌至番茄軟爛，煮成咖哩醬。
4 加入步驟 1 的苦瓜，與步驟 3 的咖哩醬一起攪拌，再加上葛拉姆瑪撒拉香料，轉為小火燉煮5分鐘左右。
5 盛盤後依個人喜好加上辣椒粉，以增添辣味。食用時擠上檸檬汁的話，會讓咖哩變得爽口。
※ 也可以將苦瓜炒香後盛盤，另外淋上番茄做成的咖哩醬。

秋葵咖哩

Bindi Sabzi

以辛香料煎香的秋葵結合番茄醬汁，就做成一道簡單的咖哩。幾乎不需要燉煮的功夫，三兩下就能做好，也是這道料理的魅力所在。

材料：2人份

秋葵…20根
▶塞堤家的瑪撒拉香料（P.57）
…適量
油…1大匙
孜然籽…1小匙
大蒜（切薄片）…1瓣分量
紫洋蔥（切薄片）
…1/2顆分量（100g）
香菜（切末）…3枝分量
完熟番茄（滾刀切塊）…1顆分量
▶塞堤家的瑪撒拉香料（P.57）
…1小匙
鹽巴…1/2小匙
辣椒粉…依個人喜好
檸檬…1/2顆

作法

1 將秋葵縱向劃上一半的開口，然後把適量的塞堤家的瑪撒拉香料搓抹在開口處（a）。
2 將1/2大匙的油倒入平底鍋中，再把步驟 1 的秋葵排入鍋中且不要重疊在一起，一邊不停地將秋葵翻面，一邊用中火將秋葵煎到微微上色（b）。秋葵變軟後，盛到盤子上。
3 把1/2大匙的油、孜然籽放入步驟 2 的平底鍋中加熱。油冒出泡泡後，再加上大蒜爆香。
4 加入紫洋蔥與香菜，以中火拌炒片刻，把洋蔥炒軟後，再加上番茄一起拌炒。加入鹽巴與1小匙的塞堤家的瑪撒拉香料，用鍋鏟將番茄搗碎，並和咖哩醬攪拌均勻。
5 把步驟 4 的番茄咖哩醬淋在步驟 2 的秋葵上，再依個人喜好擠上檸檬汁。

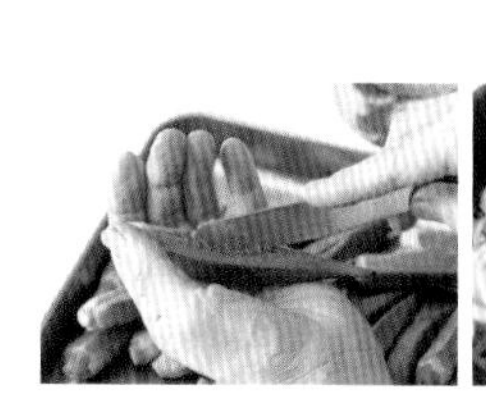
a

b

「印度料理好辣！」
並不全然是這樣啦。

TEACHER

烏吉娃拉・歌琵
Ujivala gopi

歌琵來自南印度，從小學習吠陀（印度的古老聖典）、阿育吠陀與料理等。修畢印度教寺院的阿育吠陀料理專家的課程。自2007年起，開始提供南印度料理的外燴服務與開設料理教室，大受好評。

LESSON 7

SOUTH INDIA

南印度

來自印度南部城市——邦加羅爾的烏吉娃拉．歌琵，在烹飪時的身姿真的很優雅。出生於素食主義家庭的烏吉娃拉，是個天生的素食主義者。或許是拜蔬菜所賜，烏吉娃拉一直都是個溫和恬靜的人。即使是Vegetable Cooking Studio的課程中有步驟稍微繁複的料理，她一樣是鎮靜自若，不慌不忙地用著行雲流水般的動作，為我們介紹與示範食譜。

「也許大家會覺得印度料理很難做，但並不是這麼一回事。印度家庭料理的辛香料種類不算多，步驟也都意外地簡單喔！」

最近，南印度料理在日本也逐漸受到歡迎。比起味道濃厚辛辣的北印度料理，容易入口的清爽口感是南印度料理的魅力所在，但是仍會使用大量的辛香料，而且像是印度香飯等宴客料理做起來也都相當費工夫。不過，像是豆湯或是被喻為南印度味噌湯的必備料理——香料燉扁豆蔬菜湯（sambar）等等，卻是出乎意料地簡單。而且，想不到烏吉娃拉做的料理竟然不辣！

烏吉娃拉用著動人的笑容莞薾道：「辣度可以隨個人喜好來調整。當然了，如果你是愛吃辣的人，也可以把這些料理做得很辣唷！」。

烏吉娃拉之前是個工程師，結婚後因為丈夫工作的緣故而來到日本，便當起了家庭主婦。她本來就相當擅長烹飪，也會在印度寺院的祭典，或是在住家附近舉辦的活動中招待南印度料理，都獲得了很不錯的評價，之後便以各地料理教室講師的身分，成了人人爭相邀請的寵兒。

「南印度料理中也有使用專門鍋具來製作的料理，像是日本的章魚燒烤盤，就跟南印度的蒸蛋糕——Idli的烤模形狀一樣（笑）。還有許多南印度料理也都可以利用身旁的工具或材料來製作喔！」

南印度定食風One-Plate

Meals

在南印度，「Meals」是一種盛行的定食餐點風格。底下鋪著香蕉葉，再把用大量蔬菜做成的菜餚、飯以及配菜都裝成一盤。

a：蔬菜豆子湯咖哩／Sambar

是定食中不可或缺的湯品，有如南印度的味噌湯一般的存在。以煮成糊狀的豆子增加湯汁的濃稠度。可依個人喜好加上愛吃的蔬菜。

b：椰子醬／Coconut Chutney

椰子風味的醬料搭配印度煎餅（Dosa）、蒸米蛋糕（Idli）和辣甜甜圈（Vada）一起吃。加入了以辛香料爆香後的油，是這個沾醬的重點。

c：南印度辣甜甜圈／Vada

用添加辛香料的豆粉，做成不甜的環狀點心。表面酥酥脆脆，中間鬆軟又溼潤。請沾上醬料或是香料燉扁豆蔬菜湯來享用。

d：南印度風蒸米蛋糕／Idli

把磨好的米以及黑豆發酵成米糊，再用專用鍋具蒸成的南印度蒸蛋糕。配上香料燉扁豆蔬菜湯或醬料一起吃。

e：米豆可麗餅／Masala Dosa

當成早餐或墊胃用的輕食（TIffin）皆宜，是很受歡迎的印度風可麗餅。用稱為「Dosa」的可麗餅狀印度煎餅，來捲起馬鈴薯瑪撒拉。

a

蔬菜豆子湯咖哩

材料：4人份

▶木豆…1/2杯
羅望子（P.134）…1塊
A
馬鈴薯…2小顆
紅蘿蔔…1條
四季豆…8條
薑黃粉…1小匙
鹽巴…適量（依個人喜好）
→材料 A 的蔬菜分別切成一口大小
番茄（切成1cm見方）…1顆分量
辣椒粉…1/2小匙
鹽巴…適量
▶豆湯粉（Sambar powder）…1～2大匙
菜籽油…2大匙
B
芥末籽…1小匙
孜然籽…1小匙
紅辣椒（乾燥）…1條
阿魏粉（P.134）…1/4小匙
咖哩葉（P.71）…8～10片
香菜（裝飾用）…少許

豆湯粉

在印度，最近也有許多人會使用市售的混合辛香料，裡面混合了用來製作香料燉扁豆蔬菜湯的各種香料。照片中是印度的食品公司MTR的產品。混合了芫荽、辣椒、孜然、葫蘆巴、肉桂等為數眾多的辛香料，即開即用，非常方便。

關於各類豆子

南印度料理經常使用到豆子。照片自左至右分別為Roast Chana Dal（烘焙後剖半的鷹嘴豆，用於椰子醬等）、Urad Dal（黑豆去皮後碾碎的粗粒碎黑豆。顏色似奶油白，味道柔和，用於印度煎餅）、Toor Dal（碎木豆，用於香料燉扁豆蔬菜湯或印度酸辣湯（Rasam）等料理）。

不使用壓力鍋的話，
可於前一天先將木豆泡水，
再將木豆煮到軟爛。

作法

1 用水清洗木豆，加入2～3杯水（分量外）使用壓力鍋將豆子煮軟。
2 將羅望子浸在1/2杯（分量外）的溫水中。保留用來浸泡的水。
3 將3杯水（分量外）倒入鍋中，再放入材料 A 加熱。蓋上鍋蓋煮6～10分鐘左右，將蔬菜煮軟到尚且保持完整形狀的程度。
4 將步驟 2 的羅望子與浸泡的水、番茄、辣椒粉加入鍋中，煮3～5分鐘。將番茄煮熟後，再將步驟 1 的木豆泥加進來攪拌均勻（a）。
5 分次加入鹽巴與豆湯粉，充分攪拌均勻以免結成塊，再將火關掉。
6 在另一個平底鍋中熱油，加入材料 B 爆香（b）。趁熱加入步驟 5 中，蓋上鍋蓋燜煮約1分鐘。完成後擺上香菜葉。

a
b

⇒南印度料理中常用的辛香料與豆類會在P.71統一介紹。

b

椰子醬

材料：4人份

A
- 椰子粉…1杯
- 青辣椒（生）…1條
- 烘焙剖半鷹嘴豆（P.71）…1/4杯
- 香菜（切段）…1～2株分量
- 鹽巴…少許
- 羅望子（P.134）…1塊

B
- 阿魏粉（P.134）…1撮
- 芥末籽…1小匙
- 粗粒碎黑豆（P.65）…1小匙
- 孜然籽…1小匙
- 咖哩葉…1枝
- 乾辣椒（切碎）…少許

油…1大匙

作法

1 將材料 A 放入果汁機（或食物調理機），加入少量的水（分量外），打成柔滑的泥狀。
2 以鍋子熱油，將材料 B 炒香，再淋邊在步驟 1 上並攪拌混合。

※ 原本是以生椰子來製作，但因較難取得生椰子，所以這裡使用乾燥的椰子粉製作。

---

c

南印度辣甜甜圈

材料：約20個分量

粗粒碎黑豆（P.71）…2杯（300g）
米…2大匙

A
- 米粉（粉類）…2大匙
- 鹽巴…2小匙
- 薑（磨泥）…2大匙
- 香菜（切碎）…3～4枝分量

油炸專用油…適量

a

b

c

作法

1 用水稍微清洗一下黑豆與米，浸泡於水中6小時～一個晚上。
2 倒掉步驟 1 的水，把黑豆與米放入果汁機或食物調理機中，一邊加入少量的水，一邊打成柔滑的泥狀。變成柔滑的奶油狀即可。
3 將步驟 2 與材料 A 放入碗中混合均勻，做成麵團（a）。
4 將手以水沾濕後，取適量的步驟 3 捏成球狀，再用大拇指在中間戳出一個洞（b），做成甜甜圈的形狀。
5 將步驟 4 緩緩放入中溫的油鍋中（c），直到表面炸成金黃色即可。

---

d

南印度風蒸米蛋糕

材料：約24個分量

泰國米…3杯（450g）
粗粒碎黑豆（P.71）…1杯（150g）
水…適量
油…適量
鹽巴…3小匙

作法

1 分開清洗泰國米與黑豆，再分別放入碗中，用恰好淹過的水量浸泡約6小時。
2 將步驟 1 的泰國米與黑豆分別放入果汁機中。一邊視攪拌的狀況一邊分次加水，雙雙打成柔滑的泥狀。
3 混合步驟 2 的米糊及豆糊，置於室溫下一晚使其發酵（直到麵糊膨脹為止）。

e

米豆可麗餅

讓「煎餅」的麵糊在室溫下靜置發酵，是製作煎餅的重點。黑豆在發酵後會出現濃郁的酸味。吃得到獨特的口感與香氣。

在印度有專用的臼，用臼將豆子磨成泥狀。

材料：（直徑30cm的印度煎餅）約15片分量

A
- 秈米（或泰國米）…3杯
- 粗粒碎黑豆…1杯
- 葫蘆巴籽※…3小匙

水…適量
鹽巴…3小匙
油…適量
馬鈴薯瑪撒拉★…適量

a

b

作法

1 將材料 A 放入大碗中，清洗1～2次。然後浸水半天左右（6小時以上）。
2 把步驟 1 的水倒掉後放入果汁機中，並分次加水，打成糊狀。將米糊調整至約為可麗餅麵糊的濃度，置於室溫下一晚，讓米糊發酵。
3 在步驟 2 的米糊中加入鹽巴，然後攪拌均勻。在大平底鍋或是煎烤盤上均勻地抹上油，充分熱油後倒入約1湯杓的米糊，並用圓湯杓的背面以畫漩渦的方式將米糊抹成薄薄的圓片（直徑約30cm）。
4 將整片煎餅灑上數滴油，以中高溫將底面煎烤至酥脆，餅皮呈現金黃色。
5 將馬鈴薯瑪撒拉盛在步驟 4 上，捲成一捲後趁熱盛盤。

※ 葫蘆巴籽為豆科的植物種子，在印地語中稱為「methi」。用油加熱後，會冒出如牛奶糖一般的香甜氣味。

印度煎餅專用煎鍋

南印度的家庭都有印度煎餅專用的煎鍋。照片中的鍋子為不沾鍋材質，可進行無油煎烤。

★馬鈴薯瑪撒拉

以平底鍋加熱2大匙的菜籽油，加入1小匙的芥末籽，等到芥末籽劈哩啪啦地作響時，再加入粗粒碎黑豆、剖半鷹嘴豆各1小匙、阿魏粉1/4小匙、切碎的青辣椒1條。將豆子炒成褐色，再加上薑黃粉1/2小匙。加入4大顆馬鈴薯（汆燙後做成薯泥）、少許的鹽巴攪拌均勻。再依個人喜好添上香菜（約可做成4片瑪撒拉印度煎餅）。

---

4 將鹽巴加入步驟 3 的米豆糊中混合，將蒸米蛋糕專用蒸盤抹油，然後將米豆糊倒入蒸盤中（a）。
5 在蒸米蛋糕專用鍋（或是取下氣閥的壓力鍋）中倒入2杯水，再將步驟 4 放入鍋中架好（b），蓋上鍋蓋後以中火加熱，沸騰後蒸10～15分鐘。
6 從鍋中取出蒸米蛋糕專用蒸盤，將蒸好的蛋糕從模具上取下。使用以水沾濕的湯匙，就能輕鬆地取下漂亮的蒸糕。

a

b

※如果沒有蒸米蛋糕專用蒸盤的話，也可以將小缽或蛋糕模具抹油後倒入米豆糊，放入蒸鍋中以中火蒸10分鐘左右，再從模具取下蒸好的蛋糕，切成喜歡的大小。

蒸米蛋糕（Idli）專用蒸鍋與蒸盤

蒸米蛋糕專用蒸盤為直徑2～3cm的圓形凹盤，上面還有可讓蒸氣通過的小孔洞（前），且蒸盤可重疊在一起蒸。將蒸盤放入專用的壓力鍋（後）中蒸煮。

蔬菜香飯

蔬菜香飯

Vegetable Biryani

僅以植物性素材製作的南印度風宴客炊飯。將水煮後的印度香米、煸香的蔬菜以及堅果交互重疊，蒸煮出這一道料理。

材料：6人份

印度香米（Basmati Rice）（P.133）…2杯
番紅花…1撮
A
- 大蒜、花椰菜、馬鈴薯…各200g
- 四季豆…100g

高麗菜…80g
油…3大匙
鹽巴…1又1/2小匙
B
- 黑孜然籽※…1/2小匙
- 丁香…4個
- 肉桂（3cm長）…2根
- 月桂葉…2片
- ▶小豆蔻（黑豆蔻、綠豆蔻）…各2顆
- 薑（切末）…1大匙
- 阿魏粉（P.134）…1/4小匙

C
- 薄荷葉、香菜葉（切粗末）…各20g
- 青辣椒…1/2條
- 青豆…1/2杯
- 芫荽粉…1小匙
- 薑黃粉…1/2小匙
- 葛拉姆瑪撒拉粉※…2小匙
- 辣椒粉…1/4小匙

D
- ▶黑孜然籽※…1/2小匙
- ▶小豆蔻（綠豆蔻）…2顆
- 丁香…4個

水…約1/2杯
E
- 腰果、杏仁果（切粗末）…各15g

薄荷、香菜…各20g

作法

1. 將印度香米以常溫的水浸泡30分鐘。以2小匙的熱水（分量外）浸泡番紅花。把材料 A 的蔬菜分別切成方便食用的大小。將高麗菜切成1cm見方，下鍋過油炸至菜葉即將要變色前（依個人喜好炸高麗菜，不炸也可以）。
2. 鍋子熱油後，將材料 B 的香料爆香，再加入材料 A 的蔬菜以及鹽巴拌炒。將蔬菜炒至半熟的程度後，加上材料 C 繼續拌炒，然後關火。
3. 用另一個鍋子煮滾熱水，放入步驟 1 的印度香米與材料 D 的香料汆燙。香米煮到約七分熟的程度後，再以篩網撈起，瀝乾水分。
4. 依序將步驟 2 的蔬菜、材料E的堅果類、步驟 1 的炸高麗菜、薄荷與香菜、步驟 3 的印度香米（以上材料各放一半分量）疊入材質較厚的鍋子中。
5. 再依序疊放其餘的蔬菜、香米（a），並以畫圈方式淋上1/2杯的水。然後擺上剩餘的薄荷與香菜，再將步驟 1 的番紅花連同浸泡的水，以畫圈方式倒入鍋中（b），最後放上其餘的炸高麗菜。
6. 將步驟 5 蓋緊鍋蓋，再以鋁箔紙等包住鍋緣，以免蒸氣外洩，以中火隔水加熱（c）。
7. 加熱至升起白煙時轉為中小火，炊煮約10分鐘後關火。燜蒸完後將整鍋飯攪拌混合，即可盛盤。

※ 黑孜然籽與孜然是兩種不一樣的香料，辛辣味伴隨著微微的苦味是黑孜然的特徵。經常用在印度的混合香料──葛拉姆瑪撒拉香料。
※ 葛拉姆瑪撒拉粉是印度料理中經常使用到的混合香料。原本的葛拉姆瑪撒拉香料是每戶人家以個自的配方所調配出的綜合香料，不過最近也出現了市售的葛拉姆瑪撒拉粉。可依個人喜好選擇喜歡的來使用。

a

b

c

小豆蔻

具有清涼的香味，別名為「香料之后」，是印度料理中常用的辛香料之一。一般常用綠豆蔻。顆粒較大的黑豆蔻為大顆豆蔻，特徵是具有獨特的強烈香氣。

椰子咖哩

Coconut Masala

使用椰漿與辛香料製成的南印度基本款咖哩。一樣有著滿滿的蔬菜！溫和的口味是吃不膩的美味。

椰子咖哩

材料：6人份

茄子…1條
油…3大匙
芥末籽…1/2小匙
A
- 孜然籽…1/2小匙
- 肉桂（3cm）…1根
- 阿魏粉（P.134）…1/4小匙
- 月桂葉…1片

薑（切末）…25g
番茄（滾刀切塊）…1大顆分量
番茄泥…1/2杯
B
- 薑黃粉…1/2小匙
- 芫荽粉…2小匙
- 葛拉姆瑪撒拉粉（P.68）…1小匙
- 紅椒粉…1小匙
- 咖哩粉…2小匙

鹽巴…適量
馬鈴薯（切成2cm見方）…中型3顆分量
椰漿…1罐（400g）
香菜葉…2～3枝

作法

1 將茄子切成1cm厚的半月形。平底鍋熱油後，將茄子炒成褐色備用。
2 用另一個平底鍋熱油，將芥末籽放入鍋中炒至劈哩啪啦地作響，再加入材料Ａ（a），拌炒數秒爆香後，將薑末放入鍋中炒約30秒（炒到變褐色）。
3 將番茄塊、番茄泥與材料Ｂ加入步驟２中，攪拌均勻後蓋上鍋蓋，烹煮約2分鐘，煮到油分浮上來。
4 加入2杯水（分量外），再加上馬鈴薯及鹽巴，試好味道後轉成大火。沸騰後轉為小火，蓋上鍋蓋烹煮5～6分鐘，將馬鈴薯煮到半熟。
5 加入椰漿（b），烹煮8～10分鐘，把馬鈴薯煮熟。最後加上切碎的香菜與步驟１的茄子，關火後即可盛盤。

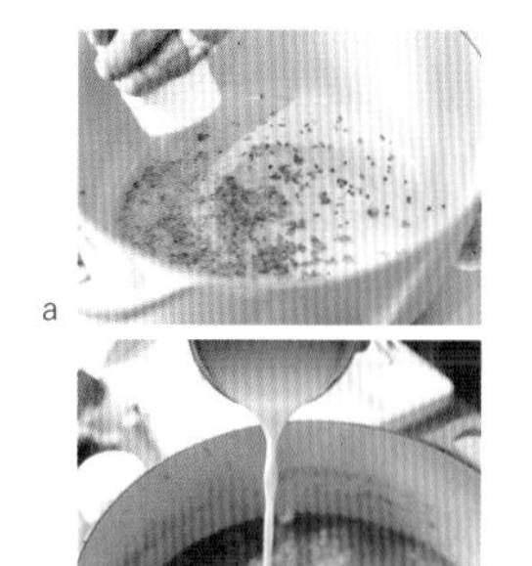
a
b

粗粒小麥粉製甜點

Sooji Halwa

用油炒過粗粒小麥粉，再用熱水揉製而成的甜點，宴客場合中也經常出現。酸甜的鳳梨也是這道甜點的重點所在。

將瀝去水分的優格加上小豆蔻、番紅花及堅果類，製成簡單的甜點。小豆蔻清爽的香氣是這道甜點的特色。

印度純素優格甜點

Shrikhand

粗粒小麥粉製甜點

材料：8人份

▶ Sooji（粗粒小麥粉）…1/2杯
橄欖油…1大匙
杏仁果、腰果…各1大匙
⇒分別剖成對半
熱水…約1又1/2杯
黑糖（Brown sugar）
…1/3杯再少一點（75ml）
香草精…1/4小匙
鳳梨（切粗末）…1/4杯

Sooji

以義大利麵中常見的杜蘭小麥，研磨而成的粗粒麵粉（Semolina）。在印度，Sooji被運用在各式各樣的料理中，像是「紅蘿蔔點心（Halwa）」，以及豆渣般的「小麥粥（Upma）」等等。

作法

1 以不沾鍋加熱橄欖油，將Sooji（粗粒小麥粉）、堅果放入鍋中，以小火拌炒2～3分鐘（a）。
2 炒到味道變香且顏色變成焦褐色時（b），分次將熱水倒入其中攪拌，不要讓麵粉結塊，然後也將黑糖加進來攪拌。
3 熬煮到水分蒸發。最後加入香草精與鳳梨攪拌（c），蓋上鍋蓋後關火。稍微燜煮一下，用冰淇淋挖勺或湯匙挖成球狀後盛盤。

a

b

c

印度純素優格甜點

材料：8人份

豆漿優格…900g
砂糖…3/4杯
小豆蔻…6～8個
⇒用磨豆機（或是研缽）輕輕磨碎
檸檬汁…1小匙
鹽巴…1撮
番紅花…1撮
杏仁果片、開心果…各適量

作法

1 把豆漿優格倒入鋪上餐巾紙的篩網，放置一晚（約8小時），瀝掉優格的水分。
2 將步驟 1 的優格放入碗中，加入砂糖、小豆蔻、鹽巴及檸檬汁攪拌。
3 將步驟 2 盛盤，撒上番紅花、杏仁果片與開心果。

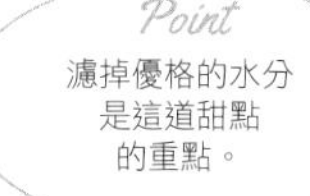

辛香料盒

在經常使用到辛香料的印度，辛香料盒是必備用品。
使用附蓋的不鏽鋼盒，喜歡的辛香料與豆類都可以保存。
①粗粒碎黑豆（白）／將Urad Dal（印度黑豆）去皮後磨成的碎豆仁。用於製作印度煎餅或蒸米蛋糕等。
②薑黃粉／日文名稱又名「鬱金」。具有獨特的風味，並具有咖哩般的黃色色素。
③辣椒粉／紅辣椒的粉。用來調整辣味及顏色。
④芫荽粉／香甜清爽的氣味是芫荽粉的特徵。
⑤乾辣椒／有大小不一、長短不齊的各種形狀，圓形的辣椒為南印度特有的品種。
⑥芥末籽／大多都是用油炒香芥末籽，以增添料理的香氣。有黃色、褐色與黑色等，黑色及褐色的芥末籽在印度為主流。
⑦孜然籽／異國風的香味中帶有獨特的芳香及微微的苦味，是孜然籽的特徵。是咖哩粉中不可缺少的香料之一。
⑧烘焙剖半鷹嘴豆／經碾碎並烘烤過的鷹嘴豆。
⑨月桂葉／也稱為「bay leaf」。一般在印度的月桂葉上有一條長長的縱向葉脈，香味也很強烈。
⑩咖哩葉／經常用於南印度料理。以油拌炒後會出現辛辣且馥郁的風味。

我想要推廣日本人尚未知曉的越南精進料理！

TEACHER

香川　桃
Thoa Kagawa

來自越南的胡志明市，為越南料理的烹飪家。結婚後來到日本，在自家開設越南料理教室。「我想要把越南家庭料理的美味，還有日本人尚未知曉的越南精進料理的魅力，推廣給更多人知道！」桃抱著這樣的心願活力充沛地參與料理相關的活動。

LESSON8

VIETNAM

越南

「我希望有更多的日本人能知道越南美味的精進料理。」她是越南料理的烹飪家——香川桃。

桃本身並不是個素食主義者，但越南是一個佛教國家。據說在信仰虔誠的家庭，每個月都會有三天的修行日，所以桃也是從小就吃著被稱為「CHAY（素食）」的精進料理，一邊思考著「為什麼會這麼好吃呢？」。

桃深深迷上CHAY，甚至還計畫過畢業後要和朋友開一間CHAY的咖啡店。不過，後來跟日本人的先生交往、結婚，然後到日本定居，因此沒能實現這個夢想。話雖如此，桃還是很喜歡料理，所以她現在除了在自家開設烹飪班之外，還是一位受到多所學校邀請的料理講師。

「說真的，其實我在老家時壓根就沒有下過廚。我到了日本之後，因為懷抱著一顆思慕越南家鄉味的心，所以才開始做起料理。多虧如此，我還成了烹飪老師，真的很不可思議呢。」

雖然日本人不太熟悉越南的精進料理，但比起魚類、肉類料理的烹飪班，桃在自家開的精進料理班的熱鬧程度可說是更勝一籌。就連在Vegetable Cooking Studio的越南精進料理班也是熱鬧非凡。

「雖說是精進料理，但其實越南料理受到法國及印度料理的影響，使用了大量的辛香料與香草。即使是CHAY，吃起來也是香香辣辣的很美味，不會因為沒有使用動物性食材而覺得不夠滿足。我希望也能讓這樣的美味在日本流行起來！」

另一方面 ，桃也在越南當地創業，希望把日本美味的麵包傳到越南。

「如果能夠相互交流越南與日本各有千秋的美食，會是一件很令人開心的事呢！」

生春捲&炸春捲

Goi Cuốn & Chả Giò

說到越南料理，最有名的就是「生春捲」，不過「炸春捲」在當地也是很受歡迎。請沾上特製的醬汁來享用吧！隨附上滿滿的香草植物，也是越南式的吃法。

生春捲

材料：4捲分量

越南米紙（直徑22cm）…4張
◯餡料
綠捲葉萵苣（用手撕成一口大小）
…4片分量
豆芽菜（生）…1/4袋分量
米粉（乾燥）…50g
油豆腐…1/2片分量
⇒以汆燙等方式去油後
切成5cm長
紅蘿蔔…1/2條分量
⇒切絲後稍微汆燙
小黃瓜（切絲）…1/4條分量
黑木耳（乾燥）…5g
⇒稍微汆燙後切絲
香菜…適量
韭菜（12cm長）…8枝
◯生春捲用沾醬
甜麵醬…1又1/2大匙
檸檬汁…1大匙
砂糖…1/4大匙
溫水…1又1/2大匙
生紅辣椒（切小塊）…1/2～1條分量
▶越南辣椒醬…1/2大匙
花生（碾碎）…20g

作法

1 事先處理好餡料的食材，分別切成方便入口的大小備用。把米粉浸泡在大量的水中1個小時，將米粉泡發，然後放入熱水中稍微過水，再把米粉的水分瀝乾。
2 把越南米紙稍微過水。
3 攤開步驟 2 的米紙，把綠捲葉萵苣放在近前方的米紙上，再擺上豆芽菜、步驟 1 的米粉、紅蘿蔔、香菜、黑木耳、小黃瓜、油豆腐（a）。
4 摺起米紙的兩端（b），再放上韭菜，並讓韭菜的兩端超出米紙（c），然後將春捲從近前方捲起（d）。
5 混合沾醬的材料，隨附在步驟 4 旁邊，一邊沾醬一邊吃。

a

b

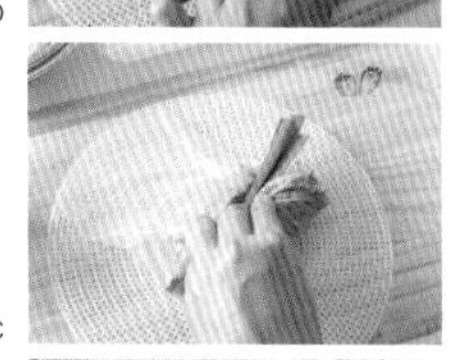
c

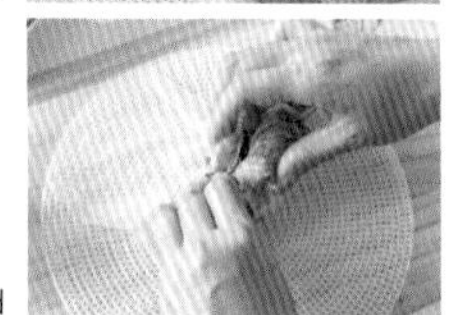
d

▶

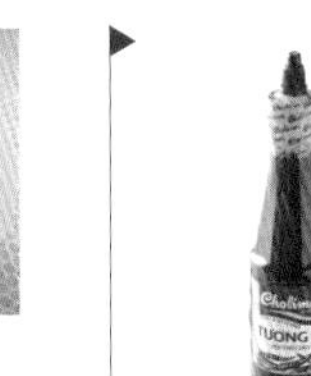

還原生春捲皮的專用盒與專用板

還原越南生春捲皮的專用工具。先把水倒入後方的半月形盒子中，再把春捲皮放入盒子裡轉幾圈，取出春捲皮後，放在前方的網片上，再把餡料捲起來的話，春捲皮就不會沾黏住，可以很順利地操作，是非常方便的工具。

▶

越南辣椒醬

辣味溫和的醬料。在越南是生春捲的必備沾醬，也會加在炸物或是湯麵料理，用途廣泛而多樣。

炸春捲

材料：6捲分量

越南米紙（直徑16cm）…6片
◯餡料
板豆腐…1/2塊
冬粉（乾燥）…10g
黑木耳（乾燥）…1～2朵
細蔥（切蔥花）…3枝分量
地瓜、馬鈴薯…各1/2顆
紅蘿蔔（切絲）…1/4條分量
A
越南醬油（P.78）…1小匙
砂糖…1/4小匙
鹽巴、胡椒…各少許
◯炸春捲沾醬
越南醬油*…1又1/2大匙
檸檬汁…1大匙
砂糖…2又1/4小匙
蔬菜高湯（或是水）…3大匙
生紅辣椒（切末）…1/2條分量

焦糖液*…適量
太白粉水（較濃）…少許

＊焦糖液是將1大匙的砂糖、50ml的水放入鍋中，再開火加熱使砂糖融化，熬煮成褐色的糖液。

作法

1 準備餡料。瀝乾板豆腐的水分並切成細條狀，再將冬粉以水泡發。把黑木耳泡水10分鐘泡發，再切成細絲。地瓜與馬鈴薯切成細絲後，放入水中稍微過水。
2 把步驟 1 準備好的餡料都放入碗中，加入材料 A 的調味料攪拌（a）。
3 用刷子把焦糖液塗在米紙上面，讓米紙變得濕潤（b）。
4 把步驟 2 的餡料分成6等分，放在步驟 3 上，將米紙的兩端向內摺起，然後捲成一捲（c）。捲好之後，將收尾處塗上太白粉水來固定。
5 用160～170℃的油炸專用油將步驟 4 炸到上色後盛盤，然後擺上綜合香草（分量外／P.81）。混合沾醬的材料後隨附在旁邊，一邊沾醬一邊吃。

a

b

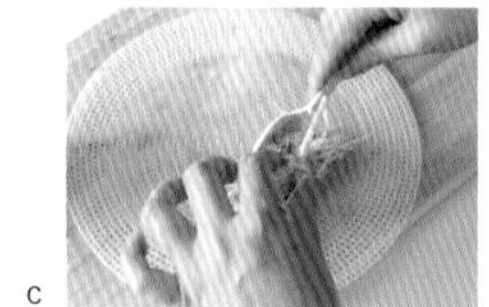
c

越南風蔬菜咖哩

Chay Cà Ri

將蔬菜和大豆素肉加上風味十足的咖哩粉、蔬菜高湯，一起燉煮成乾爽不黏稠的咖哩。配上法國長棍麵包，是越南式的吃法。用油豆腐代替大豆素肉，也能做得很好吃。

材料：4人份

A

- 檸檬草（切末）…1根分量
- 長蔥（切末）…1/3根分量
- ▶咖哩油…1包（11g）
- 鹽巴…1/2小匙

大豆素肉（塊狀）…200g
→用水（或熱水）泡發
油…適量
▶咖哩粉…1包（11g）
檸檬草（切段）…1枝分量

B

- 地瓜…2條分量
- 紅蘿蔔…1條
- 蔬菜高湯（P.105）…1L
- 檸檬草…1根
- 椰子水…520ml
- 椰子奶油…50ml

鹽巴…1/2小匙
法國長棍麵包…適量

作法

1 把材料 A 放入碗中攪拌，再將泡發的大豆素肉放進碗中調味（a、b）。
2 將材料 B 的地瓜、紅蘿蔔連皮切成1.5cm厚的圓片。
3 鍋子熱油後，放入檸檬草（c）及咖哩粉炒香（d、e），再加上步驟 1 拌炒（f）。
4 加入材料 B 並轉為大火，沸騰後轉成中火，燉煮到蔬菜變軟。
5 最後以鹽巴調味，關火後盛盤。把長棍麵包壓扁對摺，再斜切成片（g），擺成花朵形狀隨附（h、i）。

▶

咖哩粉&咖哩油

「咖哩粉」是以薑黃、辣椒粉、孜然、丁香等多種辛香料調配而成的綜合辛香料。特徵是帶有微微的香甜氣味。「咖哩油」也是用來增添咖哩、炒物等料理的風味，如果沒有的話也可以省略不用。照片中是越南最受歡迎的VIANCO公司的產品。

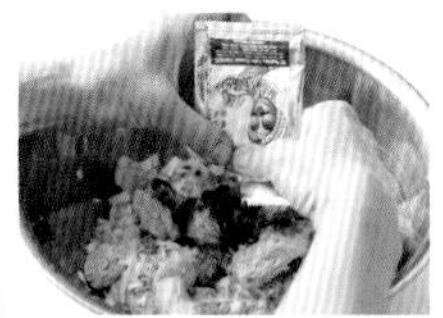
a

g

b

h

c

i

d

e

f

越南的咖哩
不會太過辛辣，
有著微微的甜味，
很容易入口。

★ 越南風冬粉沙拉

Goi Mien Chay

以清爽的甜醋拌上滿滿的蔬菜與冬粉製成的沙拉。不用鹽巴，而是以砂糖來引出蔬菜的甜味，是越南的作法。

材料：2人份

A
- 紅蘿蔔（切絲）…1/4條分量
- 小黃瓜（切絲）…1/2條
- 砂糖…少許

冬粉（以熱水泡發）…20g
木耳（泡發後切成細絲）…乾燥5g分量
油豆腐（以浸泡熱水等方式去油後切成細條）…2塊分量

B
- 越南醬油※…3大匙
- 醋…1大匙
- 砂糖…1大匙
- 大蒜（切末）…1瓣分量
- 紅辣椒…1條

香草（薄荷）…適量

作法

1 把材料 A 放入碗中輕輕攪拌，讓材料入味。
2 混合材料 B，做成醬汁。
3 把冬粉、木耳、油豆腐與步驟 2 的醬汁放入步驟 1 的碗中拌勻。最後加上剪碎的薄荷葉（a）。

※ 越南醬油為黃豆製的醬油，稱為「Nước Tương」。味道吃起來類似日本的「薄口醬油（淡口醬油）」。

a

芫荽湯

Canh Ngò Rí

一碗引出蔬菜鮮甜的湯，味道溫潤又順口。最後把滿滿的芫荽（香菜）擺在湯上，多到讓整個鍋面都呈現綠色，是這碗湯的重點！

材料：4人份

A
- 洋蔥（切末）…1/2顆分量
- 細蔥（切蔥花）…5枝分量

油…1大匙

B
- 紅椒（1cm見方）…1/2顆分量
- 黃椒（1cm見方）…1/2顆分量
- 高麗菜（1cm見方）…1/8顆分量
- 西洋芹（切小塊）…1/2枝分量

水…650ml

醬油…2大匙

鹽巴…1/2小匙

香菜（切成2cm長）…100g

作法

1 鍋子熱油後，加入材料 A 的蔬菜拌炒，蔬菜炒軟後，再將材料 B 的蔬菜也放進鍋中拌炒。

2 加入材料分量內的水，以小火燉煮10～15分鐘（a），並以醬油與鹽巴調味。關火，在最後放上滿滿的香菜（b）。

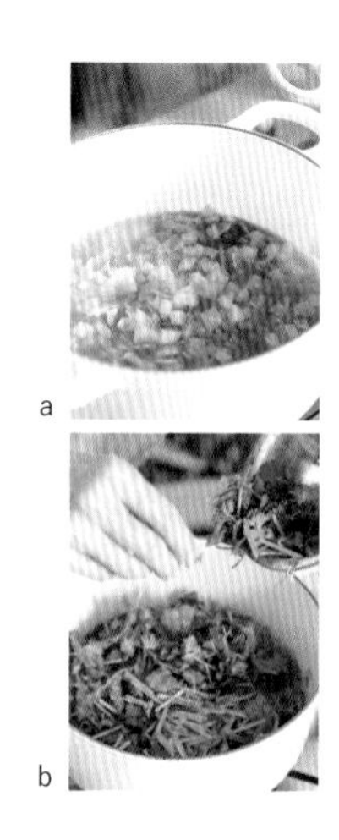

a

b

炸馬鈴薯丸子

Chạo tôm chay

以蝦漿包裹甘蔗下鍋油炸的「Chạo tôm（甘蔗蝦）」是越南中部順化的傳統料理，將這道料理改用馬鈴薯泥裹上檸檬草，做成了炸馬鈴薯丸子。附上香草與越南醃蘿蔔，可以用來清清嘴裡的味道，請開動吧！

材料：2人份

A
- 馬鈴薯（汆燙後搗碎）…1顆分量（150g）
- 板豆腐（瀝乾水分）…1/4塊
- 木薯粉（或是太白粉）…1大匙
- 鹽巴…1/2小匙
- 砂糖…1/4小匙
- 香菜（切末）…13g

檸檬草（根部切成12cm長）…4枝
油炸專用油…適量
萵苣（撕碎）…2片分量
綜合香草※…適量
越南醃蘿蔔★…適量

作法

1. 把材料A放入碗中，充分攪拌均勻（a）。
2. 把步驟1的材料放在手上，揉成像高爾夫球一樣大的圓形，然後把檸檬草插入中間當作棍子，像捏飯糰一樣整理好形狀（b、c）。
3. 把油炸專用油加熱至中溫，再把步驟2放入油鍋中，炸成金黃色。
4. 將步驟3盛盤，並盛上滿滿的萵苣及香草，再放上越南醃蘿蔔。

※ 放上自己喜歡的綜合香草（此處是混合新鮮香菜、辣蓼、越南青紫蘇、聖羅勒）。

a

b

c

★越南醃蘿蔔

把材料A〔1/8條切成細條狀的白蘿蔔、1/4條切成細條狀的紅蘿蔔〕放入碗中，撒上少許的砂糖，靜置數分鐘。待蘿蔔醃漬至出水後，使用篩網瀝乾水分。將醋25ml、砂糖25g、熱水12.5ml放入碗中混合，加入瀝乾水分的材料A，將整體醃漬入味（方便製作的分量）。

各式各樣☆喝了好開心的越式甜湯

「Chè（越式甜湯）」是嗜吃甜食的越南人最愛的甜點。有像刨冰一樣的冰甜點，也有像紅豆湯一樣的熱甜點，上頭擺飾的料與裡頭的餡也是五花八門！其實越式甜湯的種類相當豐富，在這裡要介紹五種推薦的甜湯。

用海藻來做甜點!? 令人意外地好吃

越式海藻甜湯

1 將綠豆（乾燥，10g）泡水一個晚上，瀝乾水分。把綠豆放入鍋子，注入能剛好淹過綠豆的水，把綠豆煮軟之後以篩網撈起。將綠豆放入食物調理機中，攪拌成柔順的豆沙，再加入25g的砂糖進一步攪拌。
2 汆燙好10g的粉圓（乾燥）備用。分別將水果〔1/4顆的芒果、1顆奇異果、1/4顆的鳳梨、1/2顆的酪梨〕切成小塊。
3 將50ml的椰漿加上25ml的水，並溫熱椰漿水。
4 依序將步驟 1 的綠豆、20g的紅豆泥、步驟 2 的粉圓與水果、10g的綜合海藻（泡發）放入玻璃杯中，淋上步驟 3 的椰漿水（2人份）。

薑片讓豆腐湯暖呼呼的

越式豆腐甜湯

1 將300ml的水、30g的砂糖、1/2塊分量的薑片放入鍋中，加熱約5分鐘左右，煮成糖漿。
2 用湯匙等器具將1塊嫩豆腐舀入器皿，淋上步驟 1 的薑糖漿。再依個人喜好裝飾上枸杞（4人份）。

香濃醇厚！而且又清爽

酪梨冰沙

將1顆酪梨、3大匙蜂蜜（或是哈密瓜糖漿）、1大匙檸檬汁放入果汁機中，分次將1杯冰塊加入，攪打成冰沙狀（2人份）。

玉米自然的甜味就是魅力

越式玉米甜湯

1 把1/2杯的糯米與300ml的水放入電子鍋中，把糯米煮軟。將煮好的糯米、1罐玉米（200g）、20g的砂糖、少許的鹽巴放入鍋中，燉煮5分鐘。
2 用2大匙的水溶解1大匙的木薯粉（或太白粉），然後慢慢地倒入鍋中，勾芡後即可盛盤。再淋上50ml的溫椰漿（4人份）。

滿滿的健康食材！

越式蓮子果乾甜湯

1 把500ml的水、100g的蓮子（水煮）、1/4塊分量的薑片、各1/2罐的荔枝罐頭與龍眼罐頭、25g的綜合果乾、40g的砂糖、少許的鹽巴放入鍋中，以小火燉煮約20分鐘。
2 最後放上枸杞。不論冷著吃或熱著吃都沒問題（2人份）。

如今，泰國人也開始
重視健康與美容，
使精進料理蔚為風潮！

TEACHER

味澤 潘絲麗
Pensri Ajisawa

來自泰國南部的米卡府。從料理學校畢業後，在飯店等處進修烹飪。因結婚而來到日本。潘絲麗進入「SPICE ROAD」公司工作，亦對泰式餐廳「TINUN」的成立有所貢獻。負責設計菜單之外，也在泰式料理教室擔任講師，在各方面都相當活躍。亦有許多著書。

LESSON 9

THAILAND

泰國

若說日本的泰式料理風潮是由此人帶起的，可是一點也不為過。她是首屈一指的泰式料理美食烹飪家——味澤潘絲麗。著有多本泰式料理的食譜書，在媒體上也相當活躍。提到泰式料理，以蝦子為主角的「泰式酸辣湯」或是使用了大量絞肉的「打抛豬肉飯」等料理，都相當受到歡迎。讓這些泰式料理流行起來的潘絲麗說，其實她也非常喜歡蔬食料理。

潘絲麗說：「原本泰國就有不吃魚和肉的精進料理文化。而且最近泰國對健康與美容的意識抬頭，因此精進料理蔚為風潮！因為我的姊姊也相當喜歡精進料理，所以只要我回去泰國，就會跟姊姊一起開心地享用只用蔬菜製作的泰國料理。」

雖然是精進料理，還是以泰式的料理為基礎。料理中會使用大量的檸檬草或是南薑等香草植物，也會活用大蒜的味道，或是用辣椒等辛香料讓料理變辣，在味道方面十分具有衝擊性。

「因為泰國是個炎熱的國家，所以很常在流汗，對吧？因為這樣，泰國人都很喜歡味道『又甜又鹹』的料理。即使是用鹽巴或醬油來調味的料理，也會用砂糖等的甜味來為料理提味。所以，只用蔬菜做的料理也能夠擁有深邃的味道。」

潘絲麗同樣也在Vegetable Cooking Studio開了泰式精進料理的烹飪課，她也會使用大豆素肉等食材，吃起來非常有滿足感。若是這樣的蔬食料理，就算是愛吃魚肉的人也會欣然地接受，而且還會開心地笑了！

「就算是精進料理也一樣，甜食對泰國人而言就是必需品（笑）。因為就算不是點心時間，只要當泰國人想吃的時候就會用手拈個甜點來吃。泰國有蛋製的甜點，不過組合椰漿、水果、地瓜等製成的甜點也很多，所以素食主義者也能開心地享用喔！」

泰式菇菇酸辣湯

ต้มยำ เห็ด น้ำใส

特徵是混合了甜味、辣味與酸味，吃起來有種複雜的味道，是泰國的代表性湯品。酸辣湯中使用的料也是琳瑯滿目，這裡則是使用大量的菇類。

蔬食打拋豬肉飯

ผัด เต้าหู้ กะเพรา ราดข้าว

打拋料理的魅力在於羅勒的清爽香氣與辣椒的辛辣，把這一道經典菜色做成了蔬菜風格。使用聖羅勒就能做出更加道地的味道。

泰式菇菇酸辣湯

材料：2人份

杏鮑菇、金針菇…各100g
鴻喜菇…70g
A
- 洋蔥（1cm見方）…20g
- 檸檬草（斜切）…1枝分量
- 南薑（切薄片）…10g
- 泰國檸檬葉…2～3片
  ⇒去芯，撕成兩半
- 水…500ml
- 鹽巴…1/2小匙

鳥眼辣椒（พริกขี้หนู）（斜切）
…2條分量
▶泰國淡口醬油（ซีอิ๊วขาว／P.89）
…1大匙
砂糖…1/2小匙
檸檬汁…2大匙
香菜（切段）…2枝分量

作法

1 將菇類分別切成方便食用的大小。
2 把材料A放入鍋中加熱，煮滾後再放入鳥眼辣椒與步驟1的菇類。
3 菇類煮熟後，再加入泰國淡口醬油與砂糖，然後關火。加入檸檬汁，盛盤並裝飾上香菜。

▶

泰國的香草植物與辛香料

①泰國紅蔥頭／紅色小洋蔥。為蔥與紅蔥的雜交作物。生的紅蔥頭會有刺激性的味道，不過一經加熱便會釋出甜味。
②南薑／泰國的薑，擁有比薑更強烈的香氣。
③泰國檸檬葉／馬蜂橙的葉子。特徵是擁有柑橘植物的清爽香氣。
④檸檬草／莖與葉子有著像檸檬一樣的淡淡香氣。雖有乾燥的檸檬草，不過還是較推薦使用新鮮的檸檬草。
⑤各式辣椒／個頭嬌小的超辣綠辣椒——鳥眼辣椒、塊頭較大且辣味較溫和的乾燥紅辣椒（พริกชี้ฟ้าแห้ง），還有乾燥的鳥眼辣椒（พริกขี้หนู แห้ง）等等。「แห้ง」為乾燥的意思。

蔬食打拋豬肉飯

材料：1人份

油豆腐（切成1cm寬）…1塊分量
油…5大匙
大豆素肉（乾燥，絞肉狀）…50g
大蒜（切末）…1瓣分量
鳥眼辣椒（切末）…2條分量
白味噌…2小匙
A
- ▶泰國淡口醬油（ซีอิ๊วขาว／P.89）
  …1大匙
- 砂糖…1小匙
- 水…4大匙

四季豆（5mm寬）…5條分量
紅椒（切細條）…1/4顆分量
▶聖羅勒（泰國聖羅勒）…15～20片
白飯…1碗

作法

1 將3大匙的油倒入平底鍋中加熱，把油豆腐炒到酥脆後取出（a）。
2 用適量的熱水（分量外）將大豆素肉泡發。
3 將2大匙的油倒入平底鍋中，把大蒜、鳥眼辣椒炒香後，再加上白味噌、步驟2的大豆素肉拌炒。再依序加入材料A、四季豆、紅椒，將所有食材拌炒在一起（b）。
4 最後加入步驟1的油豆腐、聖羅勒，輕輕地攪拌（c）。
5 用盤子裝好白飯，淋上步驟4。依個人喜好擺上聖羅勒、食用花（皆分量外）來增添色彩。

▶

聖羅勒

英文為「Holy Basil」，為唇形科的香草植物，與肉類極為搭配。在泰國經常用於炒菜料理。是泰式打拋豬肉飯不可或缺的香料。

a

b

c

豆腐香草甜不辣

ทอดมัน เต้าหู้

「ทอดมัน」是泰式的甜不辣，原本使用魚漿做成，不過這裡用豆腐做成了素食風格。請搭配清脆爽口的酸甜漬蔬菜一同享用吧。

材料：約16個分量

A

- 板豆腐…400g
  - →重壓1小時以上，擠掉水分
- 四季豆（切小粒）…40g
- 泰國檸檬葉（P.87／切絲）…2g
- 紅咖哩醬★…65g
- 鹽巴…1/4小匙
- 砂糖…1小匙
- 太白粉…30g
- 麵粉…1大匙

油炸專用油…適量

〇配菜

小黃瓜（切半月形）…1/4條分量

泰國紅蔥頭（切薄片／P.87）…2顆分量

紅椒（切細條）…1/3顆分量

B

- 醋…2大匙
- 砂糖…4大匙
- 鹽巴…1/4小匙
- 水…2大匙

作法

1 製作配菜。將材料 B 放入小鍋子中加熱，待砂糖融化後關火放涼。這時加入準備好的蔬菜（小黃瓜、泰國紅蔥頭、紅椒）。

2 將材料 A 放入碗中，充分攪拌均勻後（a），分成16等分（b），並分別整成圓形。

3 以180℃的油將步驟 2 炸至金黃酥脆（c），盛盤並擺上步驟 1 的醬汁。

a

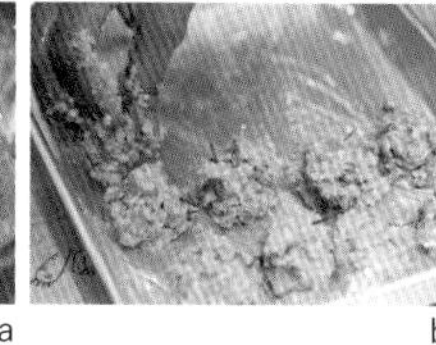
b

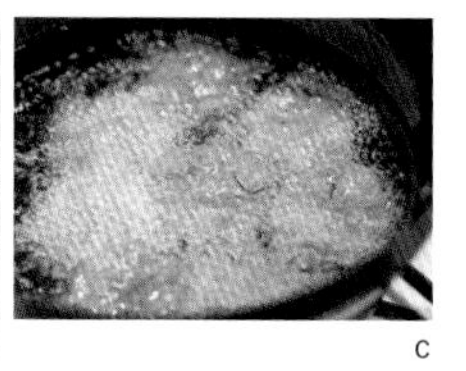
c

★紅咖哩醬

將5g的乾燥紅辣椒（พริกชี้ฟ้าแห้ง）汆燙，去籽後切成圓片狀。再將汆燙好的紅辣椒、10g的檸檬草、1條小乾燥紅辣椒、10g的大蒜、10g的泰國紅蔥頭、4g的大豆素肉放入研磨石臼（ครก）中，搗碎成泥狀。

※亦可使用食物調理機代替石臼。

使用泰語稱為「เส้นใหญ่」的口感軟嫩的米製寬麵，做成這一道麵食料理。米製的麵條容易消化，還用了大量蔬菜當成料，吃起來好健康！

寬米麵蔬菜羹

เส้นใหญ่ราดหน้าเจ

材料：1人份

▶寬米麵（乾燥寬米麵）…50g
▶泰國甜味醬油（ซีอิ๊วดำเค็ม）…1/2小匙
油（拌麵用）…1大匙
○羹
乾香菇（切細條）…3朵分量
泡發香菇的水與清水…合計300ml
紅蘿蔔（切薄片）…25g
青花菜（切成小朵）…50g
大蒜（切末）…1瓣分量
油…2大匙
B
▶泰國味噌（เต้าเจี้ยว）…2小匙
▶泰國淡口醬油（ซีอิ๊วขาว）…2小匙
砂糖…1小匙
白胡椒…少許

太白粉水…3大匙
⇒以太白粉1：水2的比例混合而成
油（炒麵用）…1小匙

作法

1 先將寬麵條泡水1個小時，讓麵條泡發。將乾香菇泡水，並過濾泡發香菇的水。
2 煮滾熱水，汆燙步驟 1 的寬麵約2分鐘，然後以篩網撈起。瀝乾後放入碗中，加入泰國甜味醬油與油，沾附在麵條上（a）。
3 煮羹湯。把油與大蒜放入鍋中加熱。飄出香味後，加上泡香菇的水以及清水、紅蘿蔔。
4 煮滾後再把材料 B 的調味料、切成細條的香菇放入湯中。再次煮滾後，以太白粉水勾芡（b），並加入青花菜煮1～2分鐘後關火。
5 把炒麵用的油倒入平底鍋，將步驟 2 的麵條炒過之後盛盤，再以畫圈的方式淋上步驟 4 的羹。

a

b

泰國的醬油與味噌

「ซีอิ๊วดำเค็ม」（左）是泰國的甜味醬油，醬汁濃稠，用於調味或是煮成佐醬。「ซีอิ๊วขาว」（中），相當於日本的「淡口醬油」，用在炒菜或燉菜的調味。「เต้าเจี้ยว（泰國味噌醬）」（右）的特徵是殘留有大豆的顆粒，味道比日本的味噌清淡。

寬米麵（เส้นใหญ่）

原料為米粉的超寬麵條。特徵是軟嫩又滑溜的口感，粗細度不一的「เส้นหมี่（細麵）」、「เส้นเล็ก（中粗麵）」也經常用於料理。泰國當地是使用生的寬米麵，這裡則是將乾燥產品泡發後再使用。

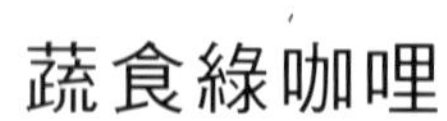

蔬食綠咖哩

แกงเขียวหวาน เจ

在種類眾多的泰式咖哩當中，綠咖哩爽口的辣味，讓人一吃就會上癮。如果有蔬食綠咖哩醬，簡簡單單就能做好。請放入滿滿的蔬菜來享用吧。

材料：2～3人份

蔬食綠咖哩醬★…75g
油…2大匙
茄子…2條
大豆素肉（塊狀，乾燥／P.133）
…35g
椰漿…200ml
水…300ml
鹽巴…1小匙
椰糖（P.134）…1又1/2小匙
泰國檸檬葉（P.87）…3片
⇒去芯，撕成對半
紅椒（切細條）…1/2顆分量
▶泰國羅勒
…依個人喜好（約15片分量）

作法

1 茄子削皮後，縱切成8等分，泡在鹽水中。用熱水將大豆素肉泡發。
2 將油、綠咖哩醬放入鍋中加熱，炒到飄出香氣（a）。
3 加入4大匙的水輕輕拌炒後，再加上2大匙的椰漿。
4 等到油與水分離並浮上表面後，再加入2大匙的椰漿（b）。重複三次此動作，並加入其餘的水。
5 煮滾後加入步驟 1 的茄子與大豆素肉。再次煮滾後，加上鹽巴、椰糖與泰國檸檬葉調味。
6 加入其餘的椰漿，以中火煮3分鐘左右。完成後加入紅椒、泰國羅勒的葉子輕輕攪拌，即可盛盤。

a

b

泰國羅勒

泰國的甜羅勒。葉子比義大利羅勒小，香氣溫和。特徵是具有甜甜的香氣。被廣泛運用在沙拉、炒物、湯品與咖哩等料理中。

★蔬食綠咖哩醬

將1/2小匙鹽巴、1g的粗粒胡椒、1g稍微炒過的芫荽籽、0.5g的孜然籽、15g的檸檬草（切碎）、5g的大豆素肉，以及分別切末的15g的大蒜、2.5g的南薑、15g的泰國紅蔥頭、25g的青椒、1/4小匙的薑黃粉、2條綠鳥眼辣椒放入研磨石臼（ครก）中，搗磨成泥狀（完成品約為75g）。
※亦可使用食物調理機代替石臼。

豌豆椰奶寒天凍

วุ้น ถั่วลันเตา

將綠色的豌豆凍液與白色的椰漿凍液，層層互疊而成的一道甜點。要做出漂亮的層次，重點就在於倒入凍液後，要等凍液凝固後才能繼續倒入下一層。

材料：布丁杯6杯分量

○豌豆凍液
豌豆（水煮後）…140g
水…300g
砂糖…60g
A
寒天粉…3g
水…3大匙

○椰漿凍液
椰漿…300ml
水…100ml
砂糖…50g
鹽巴…1/4小匙
B
寒天粉…3g
水…3大匙

豌豆（水煮後）…6～12粒
食用花（夏菫）…少許

作法

1. 製作「豌豆凍液」。把汆燙好的豌豆（a）、分量內的水放入果汁機中，打成光滑柔順的豆泥。分別混合材料 A 與材料 B 備用。
2. 把步驟 1 的豌豆泥與砂糖放入鍋中加熱，砂糖融化後再加上材料 A 煮至融化，然後關火。
3. 製作「椰漿凍液」。將椰漿、水、砂糖與鹽巴放入另一個鍋子中加熱。砂糖融化後加上材料 B 攪拌，然後關火。
4. 將布丁杯放在倒滿冰水的鐵盤中，然後在每個布丁杯中各倒2大匙步驟 3 的「椰漿凍液」（b）。
5. 等步驟 4 的表面凝固後，再倒入2大匙的「豌豆凍液」（c）。
6. 重複一次步驟 4 與步驟 5，放入冰箱冷藏，再裝飾上豌豆與食用花。

a

b

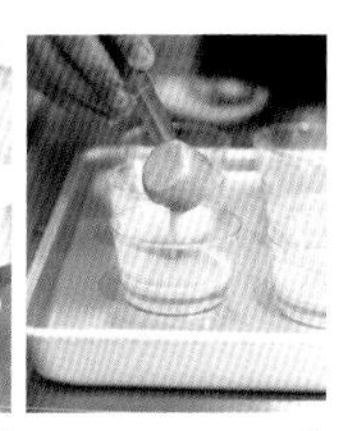
c

使用滿滿的蔬菜、
香草植物與辛香料，
所以不僅很健康，
也能滿足地飽食一頓。

TEACHER

琪卡・芮琪・阿梅莉亞
Kika Rizki Amelia

來自印尼的亞齊特區。向擅長烹飪的母親學習印尼的傳統家庭料理。來到日本之後，開始正式地做起料理，後來成為純素主義者。琪卡的夢想是希望能夠用純素主義者也能開心享用的形式，來推廣印尼豐富的飲食文化。

LESSON 10
INDONESIA

印尼

說起印尼的料理，讓人有種與蔬食料理在對弈的印象。

「的確，肉類料理、海鮮料理都挺有名的，像是印尼的烤雞、沙嗲串燒、炸魚肉。印尼式的炒飯『Nasi Goreng』就一定要使用雞蛋。不過，像是大豆製品的『天貝料理（Tempeh）』，或是蔬菜料理等等，種類也都相當豐富。這些食物的名氣遠不如葷食，真的很可惜。」

她是琪卡，本身也是個素食主義者。聽說她小時候也很喜歡吃肉類料理，是2013年來日本留學之後，才變成了素食主義者。不僅如此，她還選擇成為不吃蛋奶製品的純素主義者。這是怎麼一回事呢？

「一開始的目的是為了要減肥（笑）。在印尼，連小女生都很熱衷減肥，像是會盡量吃很多很多的蔬菜，或是控制油脂的攝取量等等，卯足全力在這件事上。我也是像她們一樣在減肥，不過在我來到日本後，多了許多與其他國家的人交流的機會，因而了解素食主義與純素主義，而且似乎吃素對美容及健康都很有幫助，所以才開始有了興趣。」

因為這樣，琪卡開始進行純素的飲食，在那之後的身體狀況都很不錯，也不太容易變胖。

「我發現蔬菜比任何食物都來得更美味。雖然和食的蔬食料理也很不賴，但如果是印尼的蔬食料理或是天貝料理的話，就會用上大量的辛香料或香草植物，所以就算是只用蔬菜做成的料理也能吃得很滿足，不會覺得吃不飽。」

琪卡在Vegetable Cooking Studio為我們介紹的料理的確簡潔又有力，分量也都很足夠，完全不會覺得100%的植物性食材會讓人吃得不滿足。

「我的夢想，就是希望能用素食主義者也能夠開心享用的形式，來介紹時常被認為是以肉類料理為主的印尼料理。」

印尼沙拉

Gado-Gado

為人所知的「加多加多（Gado-Gado）」，是印尼的基本款料理之一。加入花生醬製成的沙拉醬滋味豐富，正是美味的關鍵。請拌入料理中盡情享用吧！

材料：4人份

▶天貝（切成1cm見方）…100g

A

- 水…1杯
- 鹽巴…1小匙
- 蒜粉…1小匙

油…適量

油豆腐（切成一口大小）…1/2塊分量（100g）

馬鈴薯…2小顆（200g）
⇒切成一口大小，水煮至鬆軟

高麗菜…2片（100g）
⇒切成方便食用的大小，浸泡熱水約5分鐘，並瀝乾水分

豆芽菜…80g
⇒浸泡熱水約5分鐘，並瀝乾水分

小黃瓜（滾刀切塊）…1條分量

〇印尼沙拉醬

B

- 辣椒粉…1/2小匙
- 大蒜…1瓣（10g）
- 卡菲爾萊姆葉（切成細條／P.132）…2片分量
- 棕櫚糖（切碎）…40g
- 羅望子泥…1/2小匙
- 鹽巴…3/4小匙

花生醬（無糖）…150g

熱水…150ml

炸洋蔥酥（撒在沙拉上）…2大匙

▶酥炸仙貝（P.99）…隨意

作法

1. 把材料A放入碗中充分攪拌後，浸入天貝並放置30分鐘左右。弄乾天貝的水分，將天貝炸成金黃色（a）後瀝乾油分。
2. 製作「印尼沙拉醬」。將材料B放入乳缽或研磨缽中，磨成泥狀。
3. 將花生醬加入步驟2中，混合均勻後移入碗中，再分次加入熱水攪拌均勻（b）。必要時可用少許的鹽巴（分量外）調味。
4. 以容器盛裝步驟1的天貝、事前準備好的馬鈴薯、高麗菜、豆芽菜、小黃瓜與油豆腐，再淋上步驟3的印尼沙拉醬。撒上炸洋蔥酥，並依喜好放上酥炸仙貝。

天貝（Tempeh）

印尼的傳統發酵食品。以少孢根黴菌發酵水煮大豆製成的食品。雖與日本的納豆相似，但氣味與黏性不比納豆。覆蓋在天貝白色表面之上的，就是帶有白色菌絲的少孢根黴菌。因為沒有臭味，所以可以運用在各式各樣的料理中，是一種萬用的食材。

a

b

印尼炒飯

Nasi Goreng

以素食的方式來製作這一道以「Nasi Goreng」之名而為人所知的印尼風炒飯。請配上清爽的印尼風漬物一同享用。

印尼蔬菜豆子湯

Sup Kacang Merah

在印尼深受當地人喜愛的湯品「Sup Kacang Merah」。「Kacang」的意思是豆子，而「Merah」的意思為紅色。

印尼炒飯

材料：2人份

白飯（泰國米）…2碗分量

A

- 紅蔥頭…3瓣
- 大蒜…1/2瓣
- 紅辣椒（生）…1條

油…1大匙

▶印尼甜醬油（Kecap Manis，P.103）…1大匙

醬油…1小匙

鹽巴…1/2小匙

○配菜

小黃瓜、番茄…各適量

▶酥炸仙貝…適量

印尼風漬物（Acar）★…適量

作法

1 將材料 A 放入乳缽或研磨缽中磨成泥狀（a）。

2 平底鍋熱油後，放入步驟 1 拌炒約30秒～1分鐘，炒香後加入白飯攪拌均勻。

3 以印尼甜醬油、醬油與鹽巴調味，盛盤後再擺上配菜。

a

亦可依個人喜好加上蔥花、炸洋蔥酥各1大匙。

酥炸仙貝

是一種印尼當地稱之為「Emping」的酥炸仙貝。先把名為「買麻藤（Melinjo）」的樹木的果實炒過，然後敲碎，並將果實乾燥後再下鍋油炸，做成配菜或是下酒菜。酥脆輕盈的口感與微微的苦味讓人上癮。

★印尼風漬物（Acar）

將1/3條分量的紅蘿蔔與1條分量的小黃瓜（各切成1cm見方）、1瓣紅蔥頭（切薄片）、1/2小匙的紅辣椒（切小塊）、1/4小匙的鹽巴、1/2大匙的砂糖、1/2小匙的白醋一起放入碗中，靜置醃漬入味（方便製作的分量）。

印尼蔬菜豆子湯

材料：4人份

A

- 紅蔥頭（紫色小洋蔥／P.133）…4瓣
- 大蒜…1瓣
- 鹽巴…約1又1/2小匙

油…1大匙

蔬菜高湯（P.105）…4杯

B

- 紅蘿蔔、馬鈴薯…各1小個 ⇒分別切成1cm見方
- 通心粉沙拉（Macaroni salad）…30g
- 腰豆（水煮）…150g
- 肉荳蔻粉…1/8小匙

鹽巴…少許

白胡椒…1/4小匙

西洋芹的葉子（切末）…1大匙

炸洋蔥酥…1大匙

作法

1 以食物調理機將材料 A 攪拌成泥狀，再用熱好油的鍋子將材料 A 炒香。

2 將蔬菜高湯加入步驟 1 中，並以大火加熱。沸騰後轉為中火，加入材料 B，蓋上鍋蓋燉煮約8分鐘。

3 關火後以鹽巴、胡椒調味，再撒上西洋芹的葉子與炸洋蔥酥。

※ 最後確認湯的鹹度，斟酌鹽巴的用量。

材料：4人份

○椰漿風味炊飯

A

- 泰國米…2杯
- 椰漿…200ml
- 水…250ml
- 檸檬草…1根
- 月桂葉…2片
- 鹽巴…1小匙

○天貝拌料

▶天貝（P.96）…250g

油…適量

大蒜、薑（磨泥）…各1瓣分量

鹽巴…1/2小匙

B

- 辣椒粉…1/2小匙
- 芫荽粉…1/4小匙
- 月桂葉…2片
- ▶南薑（拍碎）…2cm
- 檸檬草（拍碎）…1根

C

- 羅望子泥（P.134）…1/2小匙
- 水…70ml
- 棕櫚糖（P.104）…2大匙
- 砂糖…1/2大匙

炸洋蔥酥…1大匙

喜歡的蔬菜（萵苣、小黃瓜等）…隨意

椰漿風味炊飯＆天貝拌料

Nasi Uduk & Tempeh Orek

帶著微微香甜氣味的炊飯令人食指大動，再搭配分量十足、裹滿甜辣滋味的天貝拌料。

南薑
為薑科植物，以其根莖部作為辛香料使用，「Galangal」為英文名稱。各地有不同的名稱，如「ข่า」（泰國）、「Kencur」（印尼）等。

作法

1 製作「椰漿風味炊飯」。淘洗材料 A 的泰國米後瀝乾，將材料 A 全部放入飯鍋中攪拌（a），按照一般的方式煮飯。
2 製作「天貝拌料」。將天貝切成2cm長的細條狀，將雙面煎炸得香酥脆口後，再取出天貝瀝乾油分。
3 以平底鍋熱油，將蒜泥與薑泥放入鍋中拌炒。炒香後加入材料 B，將食材都拌炒在一起。
4 將材料 C 加入步驟 3 中（b），熬煮成焦糖狀後即可關火，然後將步驟 2 的天貝放入鍋中裹滿醬汁。
5 以容器盛裝煮好的「椰漿風味炊飯」，並將炸洋蔥酥放在飯上。擺上步驟 4 的天貝拌料、喜歡的蔬菜。

a

b

蔬菜羹麵＆天貝天婦羅

Mie Ongklok & Tempeh Kurumu

將酥脆的炒麵沾裹上蔬菜羹來享用。把切成薄片的天貝沾上麵衣，炸成兩面金黃酥脆的天貝天婦羅，更是這道料理的重點。

材料：2人份

○天貝天婦羅（方便製作的分量）
天貝…100g
　⇒切成薄片後，再切成4～5cm見方
A
- 大蒜…1瓣
- ▶南薑（切末／P.101）…1cm分量
- 石栗*…2個

B
- 水…40ml
- 椰漿…75ml
- 芫荽粉…1/2小匙
- 薑黃粉…1/2小匙
- 鹽巴…少許

C
- 麵粉…40g
- 木薯粉…15g

細香蔥（切蔥花）…3枝分量
油…適量

○蔬菜羹麵
中華油麵（生）…2人分量
油…2大匙
D
- 大蒜…2瓣（10g）
- 紅蔥頭（紫色小洋蔥／P.133）…4瓣
- 鹽巴…1/2～1小匙

E
- 蔬菜高湯（P.105）…750ml
- 白胡椒…1/2小匙
- 鹽巴…少許

高麗菜（切粗末）…2片分量（100g）
細香蔥（切成2cm長）…30g
▶印尼甜醬油…3大匙
木薯粉水*（或太白粉水）…8大匙
炸洋蔥酥…適量

木薯粉水是以同比例的木薯粉（或太白粉）與清水調成的。也可以用太白粉水代替。

石栗可以用夏威夷豆（4個）或腰果（8個）來代替。

作法

1 製作「天貝天婦羅」。將材料 A 放進乳缽或食物調理機中磨成泥狀。
2 將步驟 1 的泥與材料 B 放入碗中，用打蛋器攪拌均勻。
3 混合材料 C 的粉類，再分次倒入步驟 2 的碗中用打蛋器攪拌，然後再加上切成蔥花的細香蔥攪拌，做成麵衣。
4 油倒入鍋中加熱，將天貝一次一片裹滿步驟 3 的麵衣（a），放入鍋中煎炸。再用湯匙舀起麵衣倒在天貝上面與周圍，讓天貝變大片，將兩面都煎得酥脆後（b），瀝乾油分。
5 製作「蔬菜羹麵」。依照包裝袋上的指示汆燙油麵，然後用器皿盛裝油麵並攤平。
6 將材料 D 放進乳缽或食物調理機中磨成泥狀。
7 油倒入平底鍋中加熱，並將步驟 6 的泥炒香。在此步驟加上材料 E。
8 沸騰後加入高麗菜與細香蔥，煮2～3分鐘後轉成小火，再加上印尼甜醬油攪拌。
9 把木薯粉水倒入步驟 8 的湯中，煮到變濃稠後即可關火。
10 為步驟 5 淋上步驟 9 的羹，並把炸洋蔥酥放在麵上，再擺上步驟 4 的天貝天婦羅。

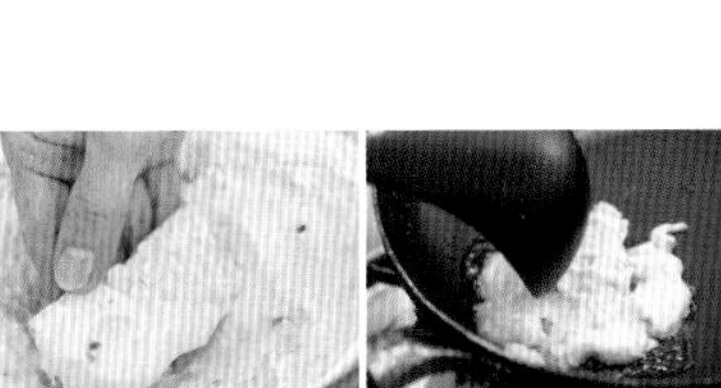
a　b

▶

印尼甜醬油
（Kecap Manis）
印尼料理中經常使用的調味料，醬汁的色澤烏黑且濃稠，類似日本的甜味溜醬油。因為醬汁裡頭使用的是棕櫚糖，所以味道很濃郁。在印尼語中，「Kecap」的意思是醬汁或醬油，而「Manis」的意思是甜。

自從開始純素飲食後，不僅身體的狀況好，也不容易變胖了。

南瓜甜點

Kolak Labu

用椰漿把南瓜熬煮成甜滋滋的點心。
加入香蘭葉與棕櫚糖，就能讓味道變得更道地。

材料：4人份

A
- 水…250ml
- ▶棕櫚糖…50g
- ▶香蘭葉…1片

南瓜…250g
⇒削皮後切成2cm見方

〇淋醬
椰漿…125ml
鹽巴…1/8小匙
玉米粉…1/2大匙
水…1/2大匙

作法

1 把材料 A 放入鍋子中攪拌，以大火加熱。沸騰後轉成中火。將南瓜放入鍋中，煮到變軟後即可關火，倒入碗中，放進冰箱冷藏。

2 製作「淋醬」。將椰漿與鹽巴放入鍋中，以小火溫熱，再加入用水調開的玉米粉，一邊攪拌，一邊煮到湯汁變濃稠。在湯汁要沸騰前關火。

3 以容器盛裝步驟 1 的南瓜，再以畫圈的方式淋上1～2杓的步驟 2 淋醬。

香蘭葉
印尼等東南亞地區所使用的香草植物，特徵是帶有香甜的氣味。亦有「東方香草」的別稱。可用於甜點或料理的提味、炊煮米飯等等，用途非常廣泛。

棕櫚糖
劈開棕櫚科樹木的樹幹後採集樹液，將汁液熬煮而成的塊狀黑糖。有著濃郁的甜味，經常用於烹飪或製作甜點。

世界蔬食料理的「高湯」兩三事

本書當中，有許多食譜是直接運用蔬菜的鮮甜味道，料理中並不會使用高湯，不過有些食譜還是會使用到能引出蔬菜原味的「蔬菜高湯」。「蔬菜高湯」是默默撐起這些料理的味道的一大助力。因為是100%的植物性素材，所以不僅對身體有益，還能夠活用蔬菜細膩的鮮味與甜味。那麼就來介紹本書中出現的「蔬菜高湯」吧！

蔬菜與蘋果的自然甜味就是高湯的魅力

越南

＜材料：方便製作的分量＞

高麗菜 1/4顆
紅蘿蔔 1/2條
白蘿蔔 1/4條
蘋果（帶皮）1/2顆

＋ 水 1.5ℓ

☆把材料都放入鍋子中加熱，以小火烹煮30分鐘左右，過濾後即可使用。

⇒ P.72 ~ 83

具有香氣的蔬菜讓高湯滋味濃郁

印尼

＜材料：方便製作的分量＞

洋蔥 1/2顆
紅蘿蔔 1條
西洋芹 1/2根
大蒜 1瓣

＋ 水 1ℓ

☆把材料都放入鍋子中，以小火加熱。烹煮30～40分鐘，過濾後即可使用。

⇒ P.94 ~ 113

藉由鮮味的相乘效果讓味道更有層次

韓國

＜材料：方便製作的分量＞

昆布（15×7cm）2片
乾香菇 2朵

＋ 水 1ℓ

☆把所有材料都放入容器內，放入冰箱冷藏一天，取出昆布與香菇後即可使用。

memo

- 使用過的昆布與香菇，可以用同樣的方式再製作2～3次的高湯。然後再放入冷凍庫，也可運用在使用昆布與香菇的燉菜中。
- 也可以使用加熱過再冷卻的高湯。先以小火烹煮材料，當昆布表面開始冒出小泡泡即可關火，並蓋上鍋蓋讓高湯冷卻。想要縮短時間的時候可以這麼做。

⇒ P.106 ~ 117

韓國料理並不是只有肉而已。
其實有著滿滿的蔬菜，
也能夠期待料理帶來的美容效果。

TEACHER

李 宰蓮
Jacryn Lee

韓國的蔬食烹飪家。也有以教授身分任教於韓國的大學的經歷，傳授有關於世界飲食文化與韓國傳統飲食文化等等。現今主掌的烹飪教室，專門教人製作在傳統的韓國家庭料理以及精進料理中導入長壽飲食（macrobiotic）概念的韓國蔬食料理。

韓國

「大家覺得韓國料理都是肉，對吧？還有就是覺得吃起來的味道超級辣。我想告訴各位『並不是這樣子的啦』！」她是韓國的人氣烹飪家——李宰蓮。

李老師的專業是飲食文化的研究，曾經在大學開課。對於健康飲食與製作料理的興趣日漸增加，為了要學習長壽飲食（macrobiotic diet），花了好幾年的時間，每個月都飛來日本上課。在傳統的韓國家庭料理中導入了長壽飲食概念的韓國蔬食料理成了熱門話題，現在她甚至在首爾開了兩間料理工作室，是一位大受歡迎的烹飪家。

「像是燒肉之類的料理，都是偶爾才會出現的宴客菜色。平常都是以蔬菜為主的料理。在韓國，也有燉菜或涼拌菜等使用大量蔬菜的蔬食料理，每一餐都會配的泡菜也都是使用所謂的蔬菜來製作的，所以光是吃這些，蔬菜量就很可觀了。像是白菜泡菜之類的，於產季時製作的量算起來就多達20kg。」

泡菜通常也會使用「鹽辛（經發酵的鹽漬海鮮或海鮮內臟）」等動物性素材，不過李老師做的泡菜是使用100%的植物性食材。「就算不使用動物性的素材依舊非常好吃。我很希望能夠推廣素食泡菜呢！」

李老師也在Vegetable Cooking Studio開了好幾次介紹泡菜的烹飪課，原本以為會很困難，沒想到步驟出乎意料地簡單。李老師很開心的說：「因為醃漬的步驟並不困難，這樣的話就可以每天都吃得到。」

「也有不使用辣椒的不辣泡菜喔！還有很多像是涼拌菜、湯品，這些日本人也會喜歡的味道溫和的料理。」

不只是因為李老師做的料理很美味，或許還多虧了泡菜的發酵力量所賜（？），上完課過了好幾天都還是精神奕奕的，也算是意外之喜。

「泡菜跟韓國的蔬菜料理對肌膚也都很不錯。特別推薦給女性喔！」

蔬菜包飯&韓式蔬菜味噌

쌈밥 & 간된장

韓國料理必備的蔬菜包飯「쌈밥」。「쌈」的意思是包覆，「밥」則是白飯，用喜歡的蔬菜捲起名為「간된장」的韓式蔬菜味噌與白飯一同享用。是一道不知不覺間就會吃進大量蔬菜的健康食譜。

材料：方便製作的分量

雜糧飯…適量
喜歡的葉類蔬菜*…適量
韓式蔬菜味噌★…適量

*葉類蔬菜除了高麗菜或紅葉萵苣以外，還可以使用拔葉萵苣、荏胡麻葉、汆燙過的羽衣甘藍、生蘿蔓萵苣等喜歡的蔬菜。白飯亦可依個人喜好使用雜糧飯、麥飯等等。

作法

1. 準備喜歡的葉類蔬菜（高麗菜、紅葉萵苣等）。高麗菜稍微汆燙一下後，浸泡在冷水中，然後瀝乾水分。紅葉萵苣也是清洗後瀝乾水分。
2. 取喜歡的分量將雜糧飯與韓式蔬菜味噌放在步驟1的蔬菜葉上，包起來即可享用。

★韓式蔬菜味噌

味道醇厚的味噌
與米飯
也非常對味

用加了1/4小匙鹽巴的熱水汆燙1/4塊的板豆腐，然後撈起來瀝乾水分，並將豆腐弄碎。將蔬菜〔蓮藕5cm、牛蒡6cm、1/2顆洋蔥、2條綠辣椒、1/3根長蔥〕切末。把1.5杯的蔬菜高湯（P.105）、汆燙後的豆腐與切碎的蔬菜放入鍋中，煮到蔬菜變軟為止。加上3大匙的韓國味噌、韓國辣醬（고추장）與大蒜泥各1小匙，拌炒到水分被煮乾為止（方便製作的分量）。
※可冷藏4～5天。

韓國的醬油與味噌

韓國的醬油（간장：左）、味噌（된장：右）是以大豆與麴菌所製成的傳統發酵食品。和日本一樣，醬油是最常使用的基本調味料；味噌的特徵則是燉煮越久風味越好。

滿滿的蔬菜！各式各樣的涼拌菜（나물）

要說韓國的餐桌上不可或缺的是什麼，那就是「涼拌菜（나물）」。只要用香氣豐富的香油拌上顏色繽紛的蔬菜，輕輕鬆鬆就能做好一道料理，可作為常備菜正是魅力所在。

a

韓式拌豆腐也是營養滿分

涼拌茼蒿豆腐

1. 汆燙150g的茼蒿，瀝乾水分後切成方便食用的大小。滾水中加入少許鹽巴，將100g的板豆腐放入水中汆燙，然後撈起並瀝乾水分。
2. 把步驟 1 的豆腐、1又1/2小匙的鹽巴、2小匙的白芝麻放入研缽中混合。
3. 將步驟 1 的茼蒿放入步驟 2 中，輕輕地拌在一起（4～5人份）。

b

用鹽巴搓抹就能舒緩苦味

涼拌桔梗

1. 將200g的桔梗（泡發後）去皮，切成細絲後灑上鹽巴，充分搓揉之後再用清水洗淨。
2. 麻油倒入平底鍋中加熱，將1小匙的大蒜泥與步驟 1 的桔梗放入鍋中拌炒均勻。
3. 接著將韓國醬油（P.109）、薑汁各1小匙放入鍋中拌炒，試一下味道並用鹽巴調味，然後撒上2小匙的炒白芝麻（4～5人份）。

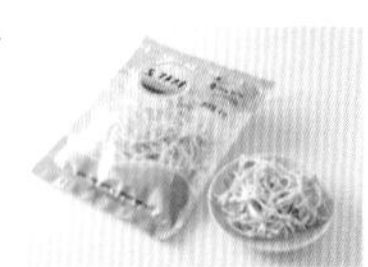

桔梗

韓文「도라지」的意思是桔梗。在韓國，桔梗根部除了會被當成藥材使用之外，也會用來做菜。使用鹽巴搓抹，可以緩和桔梗的苦味。由於在日本很難取得生的桔梗，所以許多人都是將乾燥桔梗泡發後再使用。

c

說到涼拌菜，一定不能少了它！

涼拌黃豆芽

1. 將200g的黃豆芽去除薄皮，用淡鹽水稍微洗一下後，將黃豆芽放入鍋中。鍋子加水至淹過一半的黃豆芽，蓋上鍋蓋以大火汆燙約7分鐘。
2. 汆燙至黃豆芽沒有澀味之後，撈起來放涼，撒上各1小匙的鹽巴與磨碎的白芝麻、1大匙的芝麻油拌在一起（4～5人份）。

也可以依個人喜好，各加1小匙左右的大蒜泥、蔥末。

d

加上了香菇的鮮味

涼拌白蘿蔔

1. 先將2朵乾香菇泡發，並將菇柄的部分切成細絲，菇傘的部分則切成放射狀。
2. 將2小匙的荏胡麻油放入鍋中加熱，擺上步驟 1 的香菇，再將300g切成細絲的白蘿蔔、1/3小匙的蒜泥放在香菇上，蓋上鍋蓋以中火加熱。
3. 等到白蘿蔔煮軟後，充分攪拌均勻，加入1/3杯的蔬菜高湯（P.105）與1小匙的韓國醬油（P.109），再次蓋上鍋蓋，燉煮8～10分鐘直到湯汁收乾為止（4～5人份）。

先將白蘿蔔縱切，再橫向切成細絲，這樣一來即使加熱了，也不會輕易就被煮爛。

a
b
c
d

櫛瓜煎餅

호박전

運用櫛瓜的甜度與水分，以100%的蔬菜食材做成的韓國版餡餅「전」。配合全麥麵粉做出香噴噴的煎餅。切碎的白蘿蔔乾讓煎餅的味道變得更棒。

材料：12個分量

櫛瓜…1條（140g）
鹽巴…1/4小匙
蘿蔔乾…5g
全麥麵粉…1/4杯
麵粉…1/4杯
油…適量

作法

1 使用磨蘿蔔器將櫛瓜磨成粗粒的泥狀，撒上鹽巴靜置約10分鐘。
2 用清水搓洗白蘿蔔乾，讓白蘿蔔乾膨脹，然後切碎。
3 輕輕瀝乾步驟 1 的櫛瓜泥的水分，與步驟 2 的白蘿蔔乾一起放入碗中，再加入全麥麵粉與麵粉攪拌。
4 將步驟 3 的麵團分成12等分，做成圓餅狀（a），然後放入熱好油的平底鍋中，以中火慢煎。

Point
如果用普通的磨泥工具就會把蘿蔔磨得太細，所以不行。

a

韓式菠菜味噌湯

시금치된장국

加入了滿滿蔬菜的味噌湯。味噌湯在韓國也相當流行，不過韓國的味噌湯與日本不一樣，加入味噌之後會再燉煮一會兒，藉此煮出鮮味。

材料：5人份

菠菜…1/2把（100g）
白蘿蔔…50g
乾香菇（泡發）…1朵
蔬菜高湯（P.105）…5杯
▶韓國味噌（P.109）…1大匙
長蔥（切成蔥花）…1/2枝分量

作法

1 將菠菜洗乾淨，用滾水汆燙後再放入冷水中浸泡，撈起後切成方便食用的大小。
2 將白蘿蔔切成方便食用的大小。將乾香菇的菇柄部分切成細絲，菇傘的部分切成放射狀。
3 將蔬菜高湯、步驟 2 的白蘿蔔及香菇放入鍋中加熱。等到白蘿蔔浮起來之後放入味噌，然後再放入步驟 1 的菠菜，以中火煮約5分鐘。
4 放入長蔥後蓋上鍋蓋，煮2～3分鐘後關火。
※ 亦可依個人喜好撒上辣椒粉。

韓風醬燒豆腐

두부조림

辛辣的韓國風醬燒豆腐，重點在於使用了可謂是韓國料理的「味素」——「萬能辣椒醬（다대기）」。這種辣椒醬的作法很簡單，所以可以多做一些起來備用，煮菜時會很方便。

材料：5人份

板豆腐…1大塊（400g）
白蘿蔔…9cm分量（300g）
A
- 洋蔥（切末）…1/2顆分量
- 長蔥…1枝分量
  ⇒蔥白部分切末，蔥綠部分（或換成適量的青紫蘇葉）切絲
- 醬油…3大匙
- 萬能辣椒醬★…1大匙
- 鹽巴…少許

蔬菜高湯（P.105）…3杯

作法

1. 分別將板豆腐和白蘿蔔切成5cm長、1cm寬的長條狀。
2. 將材料A、1杯的蔬菜高湯放入碗中混合均勻。
3. 在鍋子裡緊密鋪上步驟1的白蘿蔔，塗上材料A，然後依序將步驟1一半的豆腐、材料A、另外一半的豆腐、材料A疊入鍋子中。
4. 從步驟3的鍋緣將2杯的蔬菜高湯倒入鍋中，開大火加熱。煮滾後轉成中火，蓋上鍋蓋燉煮約10分鐘，煮到白蘿蔔變軟為止。
5. 最後撒上切成細絲的長蔥（或是青紫蘇葉等等），蓋上鍋蓋稍微燉煮一下後，即可關火。

※ 於步驟3最後塗上材料A，能夠使豆腐變得更好吃。

★萬能辣椒醬（다대기）

準備1杯較濃的昆布高湯（常溫），並將1杯的辣椒粉、2大匙的大蒜泥、2小匙的薑泥加入高湯中攪拌均勻，再放入密閉容器中。完成後即可使用，不過放置3～4天使之熟成的話，會讓辣椒醬的味道更鮮甜、更好吃（方便製作的分量）。也能夠用來製作泡菜（P.116～117）！

※冷藏可保存一個月，冷凍可保存一年。

韓國料理的味素

運用身邊的蔬菜！各式各樣的泡菜

其實在家裡也能做得出泡菜。鹽漬蔬菜之後，再混合香料與調味粉進行醃漬就可以了。請各位一定要試著醃漬看看當季蔬菜或自己喜歡的蔬菜喔！

就連醃漬液
也都很好吃

高麗菜水泡菜

1 將500g的高麗菜、1/3條的白蘿蔔與1/3條的紅蘿蔔分別切成方便食用的薄片，抹上2大匙的粗鹽，靜置30分鐘。
2 將2大匙的玄米飯倒入150ml的蔬菜高湯（P.105）中，用果汁機攪成泥狀後加熱，然後靜置放涼。
3 把2/3顆已削皮的蘋果、1/3顆已削皮的梨子、1/2顆的紅椒放入果汁機中，加上1杯的水攪成糊狀後，再加入1.6L的水，然後用網子一邊過濾1大匙的萬能辣椒醬，一邊加進果菜泥中。
4 瀝乾步驟 1 蔬菜的水分，加入步驟 2、3 後放在室溫下1天，等到咕嚕咕嚕地冒出泡泡後，再放入冰箱冷藏。

※ 冷藏約可保存兩週。
※ 水泡菜是連同醃漬液一起吃的醃漬物，清爽俐落的味道為其魅力。

辣味與清爽感的結合

小黃瓜泡菜

1 把1L的水、1/4杯的粗鹽放入鍋中並以中火加熱，沸騰後關火，放入7～8條的小黃瓜，靜置約1小時。將小黃瓜撈起瀝乾水分，輕輕擰乾。
2 把1/2杯的蔬菜高湯（P.105）與1大匙的糯米粉放入鍋中攪拌均勻，然後以中火加熱，煮到顏色變透明後，關火放涼。
3 把步驟 1 的小黃瓜劃出切口，將30g的韭菜（切段）塞進小黃瓜，並與步驟 2 的食材、3大匙的萬能辣椒醬（P.115）、2大匙的韓國醬油攪拌均勻，放入保存容器並置於室溫下3～4小時。等到蔬菜稍微出水後即可放入冰箱冷藏。隔天再開始食用。

※ 冷藏約可保存一個月。

冬天的韓國餐桌上
不可或缺的一道菜

蘋果水泡菜

1 將1kg的白蘿蔔切成5×2cm、厚1cm的大小，抹上30g的鹽巴後，靜置1～1.5小時。
2 將3瓣大蒜切成薄片、1/2顆削好皮的蘋果切成8等分、1/4顆洋蔥切成6等分。
3 把步驟 2 與4枝分蔥、步驟 1 的白蘿蔔放入保存容器中。
4 把1.5L的水、4大匙的鹽巴加入步驟 3，置於室溫下1～2天（冬天時）。冒出泡泡後確認一下味道，必要時以鹽巴調味，並放入冰箱冷藏。

※ 充分醃漬的話，味道就會變得像是刺激性的碳酸水般。把此醃漬液加入麵裡面吃也很美味。

最適合用來消暑了！

小黃瓜水泡菜

1 將10條小黃瓜對半縱切，然後切成2～3cm長。2～3條紅辣椒對半縱切，去籽後切成細絲；20g的韭菜切成5mm長的大小；3瓣大蒜與10g的薑分別切成薄片。
2 將75g鹽巴加入2L的水中煮沸，趁熱將步驟 1 的小黃瓜放入水中，並將鍋子離火，放置約1小時。
3 把4大匙麵粉加入2杯蔬菜高湯（P.105）中攪拌均勻，以小火加熱。變成透明糊狀後，將鍋子離火放涼。
4 將步驟 1 的紅辣椒絲與韭菜加入2大匙韓國醬油混合。
5 撈起步驟 2 的小黃瓜，輕輕擰乾水分。
6 將步驟 5 的小黃瓜、步驟 4 的紅辣椒及韭菜放入保存容器中。把步驟 1 的蒜片與薑片放入茶葉袋裡，並將茶葉袋放在容器底部。
7 在步驟 6 中加入2L的水與少許的鹽巴，然後加入步驟 3 溶在水中後蓋上蓋子，置於室溫下4～5小時，再放入冰箱冷藏一晚。確認一下味道，必要時以鹽巴調味，太鹹的話就加上少許的水。

※ 步驟 7 是製作泡菜的關鍵。如果中途打開蓋子，泡菜的美味就會流失，所以一整晚都不要打開蓋子。

喀滋喀滋的口感
會讓人上癮

白蘿蔔泡菜

1 將1kg的切成1.5cm見方的白蘿蔔塊、3枝切成2～3cm長的分蔥抹上30g的粗鹽，靜置30分鐘。倒掉蔬菜滲出的水分。
2 將1又1/2大匙的辣椒粉加入步驟 1 中攪拌。
3 把1/2杯的蔬菜高湯（P.105）、2大匙的玄米粉放入鍋中，玄米粉溶解後以大火加熱，煮到湯汁變濃稠且變透明，再將湯汁放涼。
4 將步驟 2、步驟 3、各1大匙的萬能辣椒醬（P.115）與韓國醬油（P.109）、1/4顆分量的蘋果泥一起放入容器中，在室溫下熟成約5小時之後，移入冰箱冷藏。隔天就能吃到好吃的泡菜。

※ 可冷藏二至三個月。

※分量皆為方便製作的分量。

使人活力充沛的秘密，就是不使用大蒜與洋蔥的台式精進料理。

TEACHER

中山 芳苓

Funling Nakayama

來自台灣的台中。因本身的身體狀況變差，藉機重新審視飲食生活，並開始吃起台式素食（精進料理）。為「苓苓菜館」的店主。在日本就能品嘗得到道地台灣素食（精進料理）的這間餐館是間名店，也有許多熱情支持的粉絲。

※2017年時店面搬遷、整修，目前「苓苓菜館」已重新開張（⇒P.135）。

LESSON 12

TAIWAN

台灣

「常常有人問我：『讓妳精神這麼好的秘密是什麼？』我想應該是飲食吧。因為我從22歲就開始吃素！」笑瞇瞇地說著話的人，是位於錦糸町的有名素食餐廳「苓苓菜館」的店主——中山芳苓。溫暖的笑容以及個性，讓她被其他人親暱地喚作「媽媽」。

所謂「素食」，是台灣的精進料理。除了不使用肉類與海鮮這一點之外，和日本的精進料理一樣，避免使用大蒜、洋蔥、韭菜等味道強烈的蔬菜，也就是所謂的五葷，在烹飪時也不會使用酒精。

「我以前很喜歡吃魚，而我媽媽又是出了名的會滷豬腳，所以我幾乎每天都吃魚、肉。我過去也很喜歡喝酒唷！」

會一改以往的飲食生活，是因為身體狀況出現了變化。

「出現異位性皮膚炎之後，我才重新審視自己的飲食生活。從那之後，皮膚的狀況改善了，也不容易生病了喔！」

現在的她依舊精神奕奕，就算工作到半夜，也看不出身體疲憊。肌膚也是光澤透亮，看起來年輕又漂亮，甚至聽到她的年齡的人都會嚇一大跳。

「日本的素食主義者中也有許多不介意五葷的人，我常常會問他們：『要不要試著不吃呢？』吃大蒜來提振精神的效果就跟喝酒一樣，一旦效果過了，反而會覺得精疲力盡。帶給內臟的刺激也很大。減少吃五葷後，內臟會變得協調，肌膚也會變漂亮喔！」

在studio的烹飪課中，照著芳苓媽媽所言，而落實吃台式素食的人也越來越多了。這些人都在幾個星期內變漂亮，所以媽媽說的話聽起來不像在騙人。

「或許大家會想：『哪有不使用大蒜跟蔥的台灣料理！』但是就算不使用五葷，也還是很好吃唷。作法也都不難，大家努力試看看吧！」

大豆素肉的麻婆豆腐

麻婆豆腐

無法相信這居然沒有使用肉！口味道地的麻婆豆腐。只要有「基本醬汁」與「立即可用的大豆素肉」，就能夠簡單地做出好吃的麻婆豆腐。

大豆素肉的青椒炒肉絲

青椒炒肉絲

用辛辣的醬汁把細條狀的大豆素肉與口感清脆的蔬菜炒在一起。調味辛辣刺激且味道強烈，也很適合當成配飯的小菜。

大豆素肉的麻婆豆腐

材料：4人份

嫩豆腐…400g
豆瓣醬…4g
基本醬汁★…160ml
立即可用的大豆素肉①★…160g
太白粉…4小匙
水…約200ml
黑胡椒…適量

a

b

作法

1 豆腐先橫向剖半，然後斜向入刀切出格子狀（a、b），切成漂亮的菱形。
2 把豆瓣醬、基本醬汁、立即可用的大豆素肉①放入鍋中並以中火加熱。
3 加入步驟 1 的豆腐，沸騰後燉煮約2分鐘，然後以分量內的水調開太白粉，以畫圈的方式淋入鍋中勾芡。最後完成時撒上黑胡椒。

大豆素肉的青椒炒肉絲

材料：4人份

竹筍（水煮）…120g
青椒…3顆（120g）
紅椒…1又1/2顆（60g）
A
- 水…約150ml
- 麻油…少許
- 基本辣醬汁★…4大匙
  →依個人喜好調整。若偏好較清淡的口味，可從1小匙開始加，試試看味道如何
- 立即可用的麻辣大豆素肉②★…80g

太白粉水…適量

a

作法

1 分別將竹筍、青椒、紅椒切成絲。
2 將材料 A 放入鍋中加熱，再加上步驟 1 的蔬菜快速炒煮。
3 將「基本辣醬汁」、「立即可用的麻辣大豆素肉②」加入步驟 2 中，以中火拌炒在一起（a）。
4 一邊察看鍋子中的狀況，必要時以畫圈方式淋上太白粉水，然後加熱將湯汁勾芡。

有了基本醬汁，調味就輕鬆許多

兩種基本醬汁

基本醬汁

材料…方便製作的分量
（完成的分量約為200ml）

A
- 水…180ml
- 日本黍砂糖（註：類似台糖二砂）…2小匙
- 昆布高湯（顆粒狀）…2小匙
- 醬油…4大匙

⇒先混合好材料 A

麻油…2大匙
薑（連皮一起磨成泥）…4g

基本辣醬汁

材料…方便製作的分量
（完成的分量約為100ml）

B
- 水…90ml
- 日本黍砂糖…1小匙
- 昆布高湯（顆粒狀）…1小匙
- 豆瓣醬…1小匙
- 醬油…2大匙

⇒先混合好材料 B

麻油…1大匙
薑（連皮一起磨成泥）…2g

作法（皆同）

把麻油與薑泥放入平底鍋中並以中火加熱，飄出香味之後再加入材料 A（或是材料 B），煮滾後即可關火。

事先做起來備用的話，能大幅省去做菜的步驟與時間

立即可用的大豆素肉

立即可用的大豆素肉①

材料：方便製作的分量

大豆素肉（乾燥：絞肉狀）…40g
太白粉…1小匙
基本醬汁…80ml

立即可用的麻辣大豆素肉②

材料：方便製作的分量

大豆素肉（乾燥：細條狀）…20g
太白粉…1小匙
基本辣醬汁…40ml

作法

1. 大豆素肉不必泡發，直接放入平底鍋中以中火加熱，然後加入基本醬汁（或是基本辣醬汁），讓素肉裹滿醬汁。
2. 一邊察看素肉的狀況，一邊補充水分（分量外），待素肉都裹滿醬汁後即可關火，並移到鐵盤等器皿，然後撒上太白粉。

※ 通常都會將大豆素肉泡水，等泡發之後再使用，此處則不必泡水，直接料理。

「立即可用的大豆素肉」除了用在麻婆豆腐之外，也可用於炒飯或炒麵等料理的調味。先做好備用，做菜時就可以立即使用，非常方便。

台式炒腰果雞丁

腰果雞丁

用台式精進料理的作法，做出這一道基本的人氣菜餚——炒腰果雞丁。紮實的調味，讓人能一口接著一口配著白飯吃。放在清脆爽口的萵苣上，吃起來也很美味唷。

材料：2人份

A
- 青椒…10g
- 紅椒…10g
- 紅蘿蔔…10g

玉米筍（水煮）…10g
水…60ml
調味大豆素肉★…4～5粒

B
- 醬油…1/2大匙
- 麻油…1/2大匙多
- 日本黍砂糖…1/2大匙
- 昆布高湯（顆粒狀）…1小匙
- 胡椒…少許

腰果…15g
太白粉水…適量

作法

1. 將材料A的蔬菜分別切成1cm見方。玉米筍則切成1cm寬的大小。
2. 加熱平底鍋，並將水倒入鍋中，加入玉米筍炒煮，再加上材料B。
3. 加入調味大豆素肉拌炒，再將材料A的蔬菜、腰果放入鍋中，將材料都拌炒在一起（a）。
4. 最後以畫圈的方式淋上太白粉水勾芡，即可關火。

a

★ 調味大豆素肉

將12顆大豆素肉（塊狀）泡發，擰乾水分，再以1/2小匙的昆布高湯（顆粒狀）、1大匙的太白粉、少許鹽巴、2大匙多的麻油將大豆素肉醃漬入味。再用油鍋將醃好的大豆素肉炸成金黃色（可冷凍）。

仿蛋炒飯

炒飯

明明沒有加蛋，漂亮金黃色澤卻令人印象深刻的簡單炒飯。美味的秘密就是使用解凍後的冷凍豆腐。冷凍過的豆腐也會比原本的豆腐更有彈性。

材料：2人份

板豆腐…150g
⇒先將板豆腐冷凍，並於使用前兩天移到冷藏庫退冰
洋菇（白色、褐色）…共30g
四季豆…10g
麻油…適量
薑黃粉…1小匙
鹽巴、胡椒…各少許
白飯…300g
昆布高湯（顆粒狀）…1/2小匙

作法

1 把解凍後的豆腐用手剝成小塊，並瀝乾水分。將洋菇切成薄片，四季豆切成1cm寬的大小。
2 將麻油放入平底鍋中加熱，然後將步驟 1 的豆腐反覆拌炒至香氣四溢後，再撒上薑黃粉調色（a）。
3 加入洋菇與四季豆，把材料拌炒在一起後，以鹽巴與胡椒調味。
4 加入白飯，並撒上昆布高湯粒，把飯與配料炒到粒粒分明後（b）即可關火。

a
b

絲瓜清湯

絲瓜湯

絲瓜的味道清淡，在台灣經常被使用在各種料理中。絲瓜加熱後會有淡淡的清甜，口感滑稠，吃起來溫潤爽口。

金針花湯

金針湯

「金針花」為乾燥後的百合花，是台灣的名產。金針花具有豐富的鐵質，有助改善貧血，是一道很受女性喜愛的湯品。

材料：2人份

金針花…6個
紅蘿蔔（切絲）…2g
薑（切絲）…2g
水…與泡發金針花的水合計600ml
昆布高湯（顆粒狀）…1小匙
鹽巴…1小匙
生黑木耳（切絲）…1朵分量

作法

1 把金針花放在篩網中，輕輕地水洗，再將金針花泡在水中一個晚上泡發。保留泡發金針花的水（a）。
2 把步驟 1 都打一個結（b）。
3 將紅蘿蔔與薑泡水，然後撈起。
4 把打結的步驟 2 與泡發金針花的水、水、紅蘿蔔、薑放入鍋中加熱。
5 再把昆布高湯、鹽巴與黑木耳放入鍋中，以小火煮5分鐘。

a

b

材料：2人份

▶絲瓜…150g
油…適量
薑（切末）…1瓣分量
水…300ml
鹽巴…1/4小匙
醬油…少許

作法

1 用削皮刀削去絲瓜的皮，再切成方便食用的大小。
2 將鍋子預熱後把油倒入鍋中加熱，把薑末炒香後加入步驟 1 的絲瓜拌炒。
3 加水並蓋上鍋蓋，煮滾後以鹽巴與醬油調味，即可關火。

絲瓜在關火後仍會因餘溫繼續變軟，所以注意不要煮過頭。

絲瓜
台灣夏季的蔬菜，家庭料理中常出現絲瓜料理。絲瓜的味道清淡，削皮加熱後有著滑滑稠稠的口感，而且也會產生鮮甜味。絲瓜一旦加熱過頭就會變得軟爛，所以要注意加熱的時間。

綠豆甜湯

綠豆湯

綠豆具有清熱解毒的功效，對於消暑也很有幫助。熱著吃或冷著吃都好吃！

材料：2人份

▶綠豆…25g
水（浸泡綠豆的水）…600ml
日本黍砂糖…1大匙

作法

1 把綠豆放在篩網中，輕輕地水洗後，將綠豆泡水一晚至膨脹。
2 把綠豆與泡綠豆的水放入鍋中，以大火加熱。
3 煮15～20分鐘，將綠豆煮破後轉為小火，加入日本黍砂糖燉煮約5分鐘後即可關火。

▶

綠豆
在日本，大多數人都只知道綠豆是豆芽菜的原料，但在台灣等東南亞諸國，綠豆則是十分常見的豆類。綠豆具有解熱解毒的功效，對於消水腫或中暑都很有效。浸泡綠豆的水中也有從綠豆中溶出的養分，所以善加利用就是秘訣。

各式各樣的台灣素食麵

台灣是麵食王國！有著多采多姿的麵食與湯品。以素食（台式精進料理）的形式，做出蔬菜滿滿的麵食！趕緊來介紹能讓肚子吃得超飽的健康麵食料理。

教我們製作麵食料理的人是……

錢 俐蓁

來自台灣的台北。在位於東京錦糸町的台灣素食老店「苓苓菜館」工作，擔任著芳苓媽媽的左右手，現以台灣素食烹飪家的身分，有著出色亮眼的表現。本書中負責「超大分量！台灣多采多姿的麵食料理」。

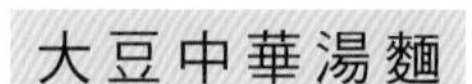

大豆中華湯麵

材料：1人份

中華油麵（生）…1球
〇蔬菜湯底（方便製作的分量）
A
- 高麗菜…250g
- 西洋芹…100g
- 乾香菇…25g
- 白蘿蔔…150g
- 玉米…1根
- 肉桂粉…撒3下
- 水…1L

大豆（水煮）…100g
生黑木耳…10g
　⇒切絲後稍微汆燙
紅蘿蔔（滾刀切塊）…50g
玉米…1/3根
油…適量
油豆腐…2～3塊
　⇒以浸泡熱水或汆燙等方式去油後，切成5mm寬薄片
鹽巴、胡椒…各少許
B
- 鹽巴…1/8小匙
- 昆布高湯（顆粒狀）…1/4小匙
- 淡口醬油…少許

只以蔬菜製成的100%植物性素材的湯底，就是這碗湯麵的秘密。再將大豆、油豆腐、玉米等等的配料擺在湯麵上！不僅健康，口感也非常棒。

作法

1. 準備「蔬菜湯底」。把材料 A 放入鍋中並以大火加熱。沸騰後轉為小火，燉煮30～40分鐘。
2. 把步驟 1 的蔬菜湯底與水煮大豆放入鍋中並以中火加熱，燉煮20分鐘。加入黑木耳、紅蘿蔔與玉米，燉煮到蔬菜變軟為止。
3. 平底鍋熱油後，將油豆腐放入鍋中，撒上鹽巴及胡椒，將油豆腐兩面煎好後即可取出。
4. 將約360ml的步驟 1 蔬菜高湯與材料 B 放入器皿中攪拌均勻，再將依袋上指示汆燙好的油麵也放入器皿中。擺上步驟 2 的水煮大豆、紅蘿蔔、玉米、黑木耳，以及步驟 3 的油豆腐。

使用番茄、蘋果與馬鈴薯的鮮甜作為基底高湯，
再加上用輪狀麵麩（車麩）做成的叉燒素肉，
就是這一碗紅燒麵的重點。

紅燒麵

材料：1人份

中華油麵（生）…1球

〇蔬菜湯底（方便製作的分量）

A

- 蘋果（滾刀切塊）…1顆分量
- 番茄（切塊）…6顆分量
- 馬鈴薯（滾刀切塊）…2顆分量
- 紅辣椒…1條
- 水…1.5L
- 自製高湯包*…2包

白蘿蔔（滾刀切塊）…1/2條分量

紅蘿蔔（滾刀切塊）…1條分量

〇炒芥菜（方便製作的分量）

醃芥菜…1包（200g）

麻油…適量

B

- 紅辣椒（切輪片狀）…1條分量
- 昆布高湯（顆粒狀）…1小匙
- 日本黍砂糖…1/2大匙
- 台灣醬油※…1大匙
- 淡口醬油…2小匙
- 胡椒…少許

叉燒素肉★…2片

香菇、豌豆…各適量

「自製高湯包」是將5片當歸、5顆八角、1枝桂皮（肉桂棒）塞入茶葉袋中做成的湯包（1包分量）。當歸為繖形科植物的根部，一般作為藥材而熟為人知，婦科的漢方藥中亦會使用到當歸。

作法

1 準備「蔬菜湯底」。把材料 A 放入鍋中加熱，沸騰後以小火燉煮約40分鐘。加入白蘿蔔、紅蘿蔔，再燉煮20分鐘，然後取出白蘿蔔與紅蘿蔔以外的料。

2 製作「炒芥菜」。用水清洗醃芥菜，洗去鹽分使鹹度適中後，將芥菜擰乾並切成末。

3 麻油放入鍋中加熱，炒好步驟 2 的醃芥菜後，加上材料 B 一起拌炒。

4 按照袋上的指示汆燙油麵，並瀝乾水分。

5 將約360ml的步驟 1 蔬菜高湯加熱並倒入器皿中，然後再放入步驟 4 的油麵。將2片叉燒素肉、步驟 3 的芥菜、步驟 1 的白蘿蔔與紅蘿蔔、汆燙後的豌豆、香菇放在油麵上。

※ 通常台灣的醬油都是比日本醬油再偏甜一點。

★叉燒素肉

將1包自製高湯包＊、4顆八角、1/3小匙昆布高湯（顆粒狀）、20g的薑、1/2大匙醬油、200ml的水、1大匙的淡口醬油一起放入鍋中，以小火燉煮20～30分鐘，直到湯汁減少至原本分量的1/3，做成叉燒醬汁。將4片輪狀麵麩泡發，擰乾水分後沾上少許的玉米粉，放入熱油後的平底鍋中煎，再將麵麩泡入叉燒醬汁中，然後用鍋鏟擠壓出多餘的醬汁（注意別弄破麵麩）。再一次將麵麩沾上適量的玉米粉，放入平底鍋中將麵麩雙面都煎香，煎好後以畫圈的方式淋上淡口醬油。將叉燒素肉切半後再使用，會比較方便食用（方便製作的分量）。

台灣麵線

台灣人最愛的麵食料理之一就是「麵線」。將類似於日本素麵的獨特超細麵條，與熱騰騰的濃稠湯汁一同享用。

材料：1人份

▶麵線（台灣素麵）…200g
○蔬菜湯底（方便製作的分量）
昆布（5×10cm）…2片
乾香菇…8朵
水…2L

泡發的乾香菇（切絲）…50g
生香菇（切薄片）…50g
紅蘿蔔（切絲）…40g
生黑木耳（切絲）…30g
水煮竹筍（切絲）…70g
A
醬油…3大匙
昆布高湯（顆粒狀）…2大匙
台灣烏醋…1大匙
鹽巴…1小匙
金針菇…130g
油…適量
太白粉水…適量
麻油…少許
香菜（切粗末）…少許

作法

1 準備湯底。把湯底的材料一起放入鍋中加熱，沸騰後以小火燉煮約30分鐘。取出昆布與乾香菇。
2 用另一個鍋子煮滾熱水，汆燙麵線約5分鐘後，以冷水冷卻麵線，再確實瀝乾水分。
3 準備麵線的料。平底鍋熱油後，把乾香菇與生香菇放入鍋中，以小火炒至飄香。然後依序加入紅蘿蔔、生黑木耳與竹筍，將食材拌炒在一起。
4 將約360ml的步驟 1 湯底加入步驟 3 中，然後加入材料 A、切成3等分的金針菇，燉煮約10分鐘，並以太白粉水（將太白粉以3倍量的水調開）勾芡。
5 把步驟 2 的麵線放入器皿中，再倒入步驟 4 的料與湯底。最後以畫圈方式淋上麻油，以香菜裝飾。

麵線
台灣的超細麵條。台灣人非常喜歡吃這種用濃稠的湯頭燉煮麵線的麵食料理。麵線經常被當成正餐或是小吃。如果買不到台灣的麵線，也可以使用細拉麵（建議使用乾麵）。

台灣的黑醋稱為「烏醋」，酸味比中國的黑醋來得溫和。味道也有點類似於「伍斯特醬」，複雜的味道是烏醋的魅力。

台灣素肉燥麵

材料：1人份

中華油麵（生）…1球
豆芽菜…125g
萵苣…3片
A
淡口醬油…1/2小匙
昆布高湯（顆粒狀）…1/4小匙
熱水…1大匙
素肉燥★…40g
菜籽油…20ml

台式炒麵

大量蔬菜再加上調味大豆素肉，是一盤料豐味美的炒麵。吸飽了蔬菜鮮甜湯汁的炒麵，吃起來好美味。

材料：2人份

炒麵…2球
紅蘿蔔…75g
白菜…230g
菠菜…15g
竹筍（切絲）…50g
黑木耳（生）…40g
香菇…3朵
鴻喜菇…10g
A
淡口醬油…1小匙
昆布高湯…1/2小匙
▶沙茶醬…1大匙
醬油…1小匙
鹽巴…1撮
黑胡椒…撒1下
水…適量
○調味大豆素肉※
大豆素肉（薄片狀）…30g
麻油…1小匙
B
昆布高湯（顆粒狀）…少許
鹽巴…少許
黑胡椒…撒2～3下
淡口醬油…1小匙

作法

1 把紅蘿蔔切成方便食用大小的斜薄片。將白菜與黑木耳切成同樣的大小。菠菜切成2～3cm長。
2 鍋子熱油，依序放入紅蘿蔔、竹筍拌炒後，取出並放在鐵盤中。
3 接著把菇類放入鍋中，炒香後加入黑木耳、白菜、菠菜、調味大豆素肉、材料 A 與 1 大匙的水，輕輕地拌炒。
4 將步驟 2 的蔬菜放進步驟 3 中，加入炒麵以及25ml的水，拌炒在一起。

※ 「調味大豆素肉」是先將大豆素肉泡發，然後擰乾水分，以麻油拌炒後，再加入材料 B 的調味料拌炒入味。

▶

沙茶醬

台灣人熟悉的萬能辣味醬料。原本是以蝦米、魚類、具有香氣的蔬菜、辣椒等材料混合製成的醬料，但在盛行素食的台灣，也有以植物性素材做成的素沙茶醬。素沙茶醬一樣能運用在炒、煮、拌等各式各樣的用途。

不論是口感還是味道，都好到讓人幾乎覺得「有這個就不用肉了吧？」的「素肉燥」，若能事先做起來備用，絕對是烹飪的重要幫手。把麵裹上滿滿的素肉燥，請開動吧！

作法

1 依照袋上指示汆燙中華油麵。
2 分別將豆芽菜與萵苣迅速汆燙一下。
3 把材料 A 放入器皿中，再放入汆燙好的油麵。裝飾上步驟 2 的蔬菜，再將素肉燥放在油麵的正上方。最後以畫圈的方式淋上菜籽油。一邊拌勻一邊食用。

★ 素肉燥

將適量的菜籽油倒入鍋中加熱，將40g的薑末放入鍋中拌炒，直到飄出薑的香氣。再將35g的生香菇（切末）、35g的泡發的乾香菇（切末）、100g的大豆素肉（絞肉狀，以熱水泡發後擰乾水分）與120ml的台灣醬油、各撒3次的肉桂粉及白胡椒粉、撒3～4次的五香粉、1小匙昆布高湯（顆粒狀）放入鍋中拌炒均勻，然後加入200ml的水，炒到水分收乾、食材入味為止。

食材小筆記

挑出本書出現的辛香料與香草植物等食材來作介紹。

香菜

有香菜、芫荽、Coriander等各種名稱，香氣獨特的香草植物。香菜是亞洲料理中不可或缺的香料，香菜的籽也能作為辛香料使用。

義大利巴西利

與日本經常看到的捲葉巴西利不同，葉子為平葉，特徵是清爽的香氣與微微的苦味。在亞洲、歐洲、中南美洲等世界各地都會使用到。

泰國聖羅勒

英文為「Holy Basil」，日文稱為「カミメボウキ」，為脣形科的植物。香氣清爽且帶有淡淡的辛辣味，泰國料理愛用此植物入菜。打拋豬肉飯就相當有名。

咖哩葉

南印度及斯里蘭卡常用的辛香料之一。具有清爽且馥郁的特有香氣，用於以咖哩為首的的各種料理當中。

泰國羅勒

被稱為甜羅勒，亦被稱為泰國羅勒，日文則為「メボウキ」。迷人的溫和香氣為其特徵，是泰式料理中的綠咖哩不可或缺的香料。

檸檬草

具有如檸檬般清爽香氣的香草植物。東南亞國家會將較軟的根部直接入菜，或是拍碎切末後替料理增添香氣。

馬蜂橙葉

原產於東南亞地區。亦被稱為「瘤蜜柑葉」，為柑橘類的香草。英文為「kaffir lime leaf（卡菲爾萊姆葉）」。是泰國料理中的綠咖哩及泰式酸辣湯等不可或缺的食材。

南薑

薑科植物的根莖部，東南亞一帶廣泛使用。泰文稱為「ข่า」，英文為「Galangal」。清爽的香氣與辣味為其特徵，有消除肉腥味等作用，廣泛被運用在料理中。

泰國紅蔥頭

日文為「赤わけぎ」，也被稱為紅蔥頭。是泰式料理中經常用到的小顆紫色洋蔥。在印尼也被稱為「Bawang merah」，經常用在料理當中。用於沙拉、炒菜等各式各樣的料理上。

紫洋蔥

表皮呈現紫紅色的洋蔥，也被稱作「紅洋蔥」。辣味及刺激性溫和，水分豐富。亦有甜味。原產於中亞地區，世界各地都有在使用。

庫斯庫斯

發源於北非及中東地區，也被稱作「世界上最小的義大利麵」。將杜蘭小麥麵粉加水後弄成鬆散狀，然後蒸熟乾燥而成。用熱水泡發，或是蒸煮加熱做成料理。

印度香米

秈稻（長粒種）之一，特徵是米粒鬆散不沾黏，口感輕盈且具有特殊的馥郁芳香。被視為高級米，用於印度的宴客料理、印度香飯等料理上。

布格麥

以100%的杜蘭小麥研磨而成的碎粒麥。特徵是有著彈牙口感。要浸泡在熱水數分鐘，待泡發後再使用。照片中為細粒的布格麥，但也有圓粒的布格麥。土耳其及中東料理經常使用。

綠豆

豆如其名，為綠色的小粒豆子。亦作為冬粉與豆芽菜的原料而熟為人知。綠豆具有解熱、利尿、解毒的功效，炎熱地區的人們經常會吃綠豆來消暑。

紅扁豆

去皮的扁豆。不須以水泡發可直接使用，因此非常方便。可直接烹煮，或是汆燙後再煮成湯、做成燉菜或沙拉等等，運用在各種料理上。原產於地中海沿岸～西亞一帶。

鷹嘴豆

特徵是口感鬆軟綿密。以印度與中東地區為代表，世界各地皆食用此豆。雖有即開即用的水煮罐頭，但將乾鷹嘴豆泡發後再來使用的話，口感與風味都格外不同。

大豆素肉

口感如肉類一般的大豆加工品。低脂且高蛋白，亦有豐富的膳食纖維。有塊狀、絞肉狀、薄片狀等各種形狀，可配合用途選擇適合的來使用。

★大豆素肉的還原方法

以水泡發為基本方式。時間匆忙時，也可以用熱水浸泡還原。泡發的時間依形狀或大小來調整。塊狀素肉的參考時間約為20～30分鐘，絞肉狀則約5分鐘。以熱水汆燙還原時，塊狀素肉的參考時間約為4～5分鐘，絞肉狀約為數十秒。還原後的大豆素肉要將水分充分擰乾後再使用。

椰漿

削下椰子的白色胚乳部分，再用水擠壓出的乳狀液體。有著香甜的氣味以及濃郁的味道，東南亞、南美洲與南印度料理中經常使用。

羅望子

豆科植物，連同豆莢一同乾燥熟成的果乾。將果醬狀的果肉溶於水後使用。味道酸酸甜甜的，東南亞與印度料理中經常使用。

椰糖&棕櫚糖

棕櫚糖（右）與椰糖（左）皆是取自棕櫚科的花序或樹液所製成的砂糖。甜味溫和且味道濃郁，可使料理或甜點的味道更豐厚。

番茄糊

將番茄過濾，熬煮成番茄泥，並進一步熬煮成濃稠的番茄糊。少量的番茄糊即可表現出番茄的色澤、風味及其濃厚的味道。

阿魏粉

取自繖形科植物根部的樹液，將樹液做成粉末狀香料。英文為「Asafoetida」。如硫磺般的獨特氣味一經加熱後，便會化作芳香的氣味。

★各式各樣的香料

孜然籽

咖哩粉的主原料，可完全表現出咖哩般的風味。為繖形科一年生草本植物的種子，將種子乾燥後再使用。亦有孜然粉。

芫荽粉

咖哩不可或缺的辛香料。特徵是有著香甜清爽的氣味。也是自古以來入藥或食用的最古老辛香料。照片中為粉狀，但也有使用顆粒狀的。

薑黃粉

原產於印度。將薑科植物的薑黃乾燥而成的香料。特徵是鮮豔的黃色以及帶點土臭味的獨特氣味。是製作咖哩時不可缺少的辛香料。

肉桂

生長在熱帶的樟科常綠喬木，剝下其樹皮做成的辛香料。具有苦中帶甜的特有芳香。

芥末籽

有黑色、白色及黃色三種類。在印度偏好使用辣味強勁的黑色芥末籽。大多都是用油爆香後再用於料理。

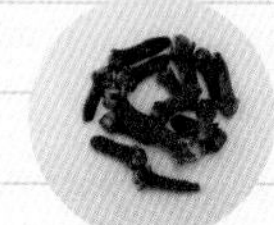

丁香

日文為「丁子」。散發著濃厚的香甜氣味。有完整的丁香與粉末狀的類型。為原產於印尼摩鹿加群島的植物，將其開花前的花苞乾燥而成的香料。

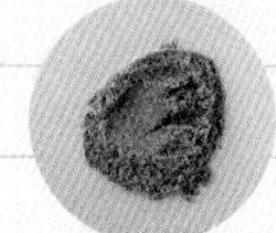

葛拉姆瑪撒拉

為咖哩粉的主原料，是印度的代表性綜合香料。各戶人家或店家的配方有千百種，近來也可以買得到市售的葛拉姆瑪撒拉。

小豆蔻

亦有「香料之后」的別稱，氣味清爽且強烈，印度、中東及北歐各地常使用此香料。亦為咖哩粉的配方之一。

Information

介紹本書登場的各位老師的料理教室、餐廳

★ tadaku
介紹陶・羅梅拉・馬丁內斯（P.8）所主掌的
「和異國的人一起做異國的料理」料理教室的人氣網站。
https://www.tadaku.com/

★ 法蒂瑪的摩洛哥料理教室
開設以傳統摩洛哥料理與點心為主軸的烹飪課。
料理教室裡柔和的氣氛非常受歡迎。
講師：松村・穆菲德・法蒂瑪（P.18）
http://ameblo.jp/moroccancooking/

★ 土耳其料理「izmir」
由艾莉芙・阿嘉弗爾（P.28）擔任主廚兼店主的土耳其餐廳。
擅長道地的土耳其傳統口味。
東京都杉並区阿佐谷北2-13-2　パサージュ阿佐谷2F
03-3310-4666

★ 以色列餐廳「SHAMAIM」
由北岡塔爾（P.38）擔任主廚兼店主的餐廳。
在日本就吃得到道地的以色列料理。
東京都練馬区栄町4-11アートビル2F
03-3948-5333
http://www.shamaimtokyo.com/

★ 越南料理教室桃「Com nha Thoa」
可以學到使用大量蔬菜及香草做成道地越南料理的料理教室。
越南精進料理班也大受歡迎。
講師：香川桃（P.72）
http://www.com-nha-thoa.com

★ Herb & Spice Asian Cooking Studio
以東京為主要展店據點的泰國料理餐廳，由「SPICE ROAD」（股份公司）
所主辦的料理教室。
講師：味澤潘絲麗（P.84）
http://www.asian-road.net/cooking/

★ macrobiotic教室「MACRO+V」
教人製作導入長壽飲食概念的韓國蔬食料理的料理教室。
講師：李宰蓮（P.106）
https://www.facebook.com/macrobioticvegankitchen/

★ It's Vegetable！苓苓菜館
由中山芳苓（P.118）擔任主廚兼店主的台灣素食（台灣精進料理）人氣餐館。
於2017年店鋪搬遷、整修。
最新消息請參考下方網址。
https://www.facebook.com/itsvegetable/

TITLE

異國蔬食料理教室

STAFF

出版　瑞昇文化事業股份有限公司
編著　庄司泉 Vegetable Cooking Studio
譯者　胡毓華
監譯　高詹燦

總編輯　郭湘齡
責任編輯　蔣詩綺
文字編輯　黃美玉　徐承義
美術編輯　孫慧琪
排版　二次方數位設計
製版　印研科技有限公司
印刷　桂林彩色印刷股份有限公司

法律顧問　經兆國際法律事務所　黃沛聲律師

戶名　瑞昇文化事業股份有限公司
劃撥帳號　19598343
地址　新北市中和區景平路464巷2弄1-4號
電話　(02)2945-3191
傳真　(02)2945-3190
網址　www.rising-books.com.tw
Mail　deepblue@rising-books.com.tw

初版日期　2018年6月
定價　380元

國家圖書館出版品預行編目資料

異國蔬食料理教室 / 庄司泉, Vegetable Cooking Studio編著 ; 胡毓華譯. -- 初版. -- 新北市 : 瑞昇文化, 2018.06
136面 ; 18.2 x 25.7公分
譯自 : 世界の野菜ごはん
ISBN 978-986-401-249-7(平裝)
1.素食食譜

427.31　　107008310

SEKAI NO YASAI GOHAN

Originally published in Japan in 2017 by ASAHIYA SHUPPAN CO.,LTD..
Chinese translation rights arranged through DAIKOUSHA INC.,KAWAGOE.